卓越手绘零基础系列

杜健 吕律谱 段亮亮 = 编著

室内设计
手绘与思维表达

人民邮电出版社

北京

图书在版编目（ＣＩＰ）数据

室内设计手绘与思维表达 / 杜健，吕律谱，段亮亮
编著. -- 北京 ：人民邮电出版社，2018.1（2024.2重印）
ISBN 978-7-115-45391-4

Ⅰ．①室… Ⅱ．①杜… ②吕… ③段… Ⅲ．①室内装
饰设计－绘画技法 Ⅳ．①TU204

中国版本图书馆CIP数据核字(2017)第160935号

- ◆ 编　著　杜　健　吕律谱　段亮亮
  　　责任编辑　许金霞
  　　责任印制　焦志炜
- ◆ 人民邮电出版社出版发行　　北京市丰台区成寿寺路 11 号
  　　邮编　100164　　电子邮件　315@ptpress.com.cn
  　　网址　http://www.ptpress.com.cn
  　　北京九天鸿程印刷有限责任公司印刷
- ◆ 开本：889×1194　1/16
  　　印张：13　　　　　　　2018 年 1 月第 1 版
  　　字数：360 千字　　　　2024 年 2 月北京第 15 次印刷

定价：79.80 元
读者服务热线：(010)81055256　印装质量热线：(010)81055316
反盗版热线：(010)81055315
广告经营许可证：京东市监广登字 20170147 号

前 言

从事设计手绘教育已经七年有余，苦甜参半，获誉无数的背后必有艰辛。感恩伙伴们的一路支持，也更加明白对手与竞争的可贵。七年时间的积淀，收益颇丰，感慨颇多。

笔者认为，一个时代兴起的同时也象征着另一个时代的落寞。绘画如此，设计如此，手绘更是如此。曾几何时，钢笔、水性马克笔甚至水彩都在不知不觉中与我们的设计渐行渐远，取而代之的现代设计是带着强烈视觉冲击力的线条和笔法。笔者本人酷爱水彩，但是必须承认的是，对于当下高校的艺术设计教育以及市场需求，水彩确实已经不再适合设计效果图了。当然，不排除特殊风格和少部分设计的需要，如景观平面图、大型鸟瞰图等。

在教学上，学校给予快速表现课程的学时仅有短短几周，绘画基础课也仅包括基础的素描、水彩课程。虽然这些都是日后设计的基础，是每一位设计师必须掌握的技能，但不足一年的时间还是略显短暂。设计表现是设计师能够肆意发挥其创造能力的一种方法。用一张白纸来勾勒出一间房屋、一栋建筑、一处场景，甚至是一座城市，这不是任何一个初学者都能够轻易做到的。那么，我们设计专业的学生，能够拿出更多的时间来学习传统绘画吗？显然，传统的方式和方法是很困难的。所以，我们要用另外一种方法来学习设计的快速表现，用一种几乎跟绘画无关的方法，我们称之为手绘。

在开始按照本书进行学习之前，必须先要了解以下七点：

◆ 手绘只是服务于设计的一种技能。手绘本身的性质与传统绘画不同，不能够像水彩、油画等艺术藏品一样价值连城。但是当手绘与设计结合以后，它的价值取决于你所做的设计的价值，两者相辅相成。

◆ 每天都需要练习，哪怕只是很少的一点，哪怕只有一个方体或几根线。这样可以保持手臂的灵活性和适应性，也可以让我们的手指更加灵活，更加熟练地画出各种角度的线条。

◆ 在初学时切不可盲目追求进度，谨记欲速则不达。读者一定要按照本书的编排顺序，从最开始的线条、单体开始练习。在掌握单体的绘画后再慢慢将它们组合起来成为场景。

◆ 勤学苦练固然重要，但是理解更重要。读者可以把一些优秀的手绘作品放在明显的位置，闲暇时观赏思考。如果不经常思考，不去理解，画得再多也是徒劳。

◆ 在手绘中，线稿远比上色更重要，是设计图的根基。

◆ 必须掌握平面图的绘制。平面图是设计表现的开端，也是设计图中的重中之重。它的表达难度相对较低，读者必须掌握平面图的绘制方法，并把设计思维表达到位。

◆ 熟练掌握设计草图的绘画。勾勒草图是构思设计、记录设计、传达设计思想的唯一方法。

如果你已经理解了上述内容，便可以开始你的手绘学习之旅了。本书融合了卓越手绘教育机构七年来的教学成果，包含了两万余设计学子的学习经验。全书从零基础的角度出发，以现今设计最需要的设计理念来编排，由浅入深、循序渐进，系统全面地梳理各类设计表达的方法和技巧。希望你能认真阅读本书并临摹练习相关实例，相信在今后的设计师生涯里，不论面对何种情况，你都能够自如地表达出内心所想，成就你的设计之梦！

目录
CONTENTS

随书赠送卓越手绘教育机构培训视频，扫码即可下载学习。

1 线条透视

2 室内单体线稿

3 马克笔上色基础

4 平面图线稿

5 室内效果图线稿

6 室内效果图上色

视频下载

第一节　如何掌握手绘

随着时代的发展、科技的进步，计算机效果图已经越来越普及，在设计中已作为主要的表现手法。但是仍然有很多声音在呼吁手绘对设计的重要性。那么在当今时代，手绘到底应该何去何从？为什么很多大型设计院、大型公司以及高校的硕士入学考试都要通过手绘考试来筛选人才呢？

一个好的手绘表达是一个优秀设计的开始，也是一个合格的设计师必须具备的一项技能。手绘是设计师在设计过程中重要的记录方式，也是设计师与他人沟通的唯一有效的方法。在设计过程中，从设计初期的瞬间灵感记录，到设计中期的深化完善，再到设计后期的整体效果渲染，都可以通过手绘来完成。尤其在建筑、景观、城市规划和室内设计中，手绘的运用一直都是至关重要的，设计师也往往习惯于使用手绘作为呈现自己设计理念的载体。因此，手绘在设计标书中占据的比例逐年上升，已经有越来越多的设计公司对设计师的手绘能力提出了更高的要求。

当然，所谓好的手绘表达，不一定就是一幅很漂亮的手绘构想图。有时候甚至会画得很潦草，但是只要将自己的设计意图、设计理念很好地呈现并记录下来就足够了。

那么读者如何才能练好手绘呢？简单来说可以分为以下三步。

第一步，在学好基本构图、透视原理的基础上，要以临摹作为开始。临摹优秀的作品可以让读者在短时间内迅速地了解手绘的基本技法。不论学习什么技能，临摹都应该是最有效、最迅速的入门方法。所以不要排斥临摹，也不要盲目临摹；要找到适合自己的作品，带有目的性地临摹、学习。

第二步，贵在坚持。很多读者都有过这样的经历：大张旗鼓地拿出工具，铺满桌面，但是画不了两笔，就发现自己画得完全跟想象的不同，于是信心大受打击，偃旗息鼓。我们必须明白，掌握一项技能是一个艰难的过程，任何人都要经历从新手到成熟的成长过程。我们可以先从单体入手，这样比较简单，也比较容易培养兴趣。而且要做到每天都画，不管画多久，哪怕每天只画10分钟也是有效果的。如果一段时间作业太忙，也要做到每天都看，看好的手绘作品，把它当作是一幅艺术品去欣赏，去揣摩作者的技法，假以时日便会有长足的进步。

第三步，在通过临摹和大量的练习，积累了一定的手绘基础之后，读者就可以开始尝试自己来勾勒方案了。可以先从现有的成品方案开始，尝试着画出它的草图或者手绘图；在这个过程中获得一定的积累之后，就可以通过手来表达自己的方案构思了。这也是我们学习手绘的最终目的。

CHAPTER 01

手绘概述

如何掌握手绘
手绘的常用工具

第二节　手绘的常用工具

铅笔：铅笔是每个读者都很熟悉的绘画工具。在手绘中，铅笔多用于打底稿和勾勒草图。使用铅笔或自动铅笔的时候要选择 2B 或者以上的铅芯。推荐使用三菱牌的铅芯。

草图笔：顾名思义，草图笔主要是用来勾勒草图的。比较特别的是它的笔尖可根据与纸面角度的不同而画出粗细不同的两种线。推荐使用派通牌草图笔。

针管笔：针管笔是手绘中最常用的勾线笔。用一次性针管笔画出的线条流畅、顺滑。一般选用 0.1 ～ 0.3 毫米的笔头即可。推荐使用施德楼牌针管笔。

会议笔：会议笔的作用和属性类似于一次性针管笔，但是价格更便宜，非常适合初学者使用。由于会议笔笔头较粗，所以不太适合画很细致的效果图。推荐使用晨光牌会议笔。

钢笔：钢笔的应用体验远远低于一次性针管笔，因为如果快速画线就容易出现断墨，而且画的时候对笔尖的角度也有要求，灵活度不如针管笔。但是在画建筑草图等需要很硬朗的线条时，钢笔还是具有独特效果的。推荐使用菱镁牌或百乐牌的钢笔。

马克笔：马克笔技法是大家练习手绘的重点。马克笔色彩明快、携带方便、使用简单等诸多优点使其成为手绘上色最重要的工具。对于初学者，推荐使用卓越手绘教育机构官方定制推出的"设计家"马克笔。全套共 60 色，色彩、质量、墨水质量都严格把关，适合初学者使用。等具备了一定的使用马克笔的基础后，可以选用一些其他品牌的比较好的马克笔，如三福牌马克笔、AD 牌马克笔等。

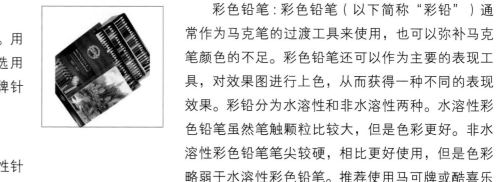

彩色铅笔：彩色铅笔（以下简称"彩铅"）通常作为马克笔的过渡工具来使用，也可以弥补马克笔颜色的不足。彩色铅笔还可以作为主要的表现工具，对效果图进行上色，从而获得一种不同的表现效果。彩铅分为水溶性和非水溶性两种。水溶性彩色铅笔虽然笔触颗粒比较大，但是色彩更好。非水溶性彩色铅笔笔尖较硬，相比更好使用，但是色彩略弱于水溶性彩色铅笔。推荐使用马可牌或酷喜乐牌 72 色彩色铅笔。

修正液和高光笔：效果图的最后一步是在画面有高光的地方进行点缀，使画面的表现力更加强烈。推荐使用三菱牌修正液和樱花牌高光笔。

CHAPTER **02**

手绘的基础技法

线条

透视

第一节 线条

线条是手绘的第一步，任何手绘都离不开线条。能够掌握一手流畅、熟练的线条，相信是每位读者都希望的。不过我们要切记，线条的美感固然可以提高整体图面的效果，但是在一张图之中，线条的重要性远远低于构图、透视、色彩。所以，我们在练习手绘的时候，练习线条虽然重要，但是更要把主要精力放在构图、透视和色彩这三个方面。

常用的线条通常分为快线和慢线两种。

1. 快线

快线是通过笔的快速滑行所画出的果断的直线。

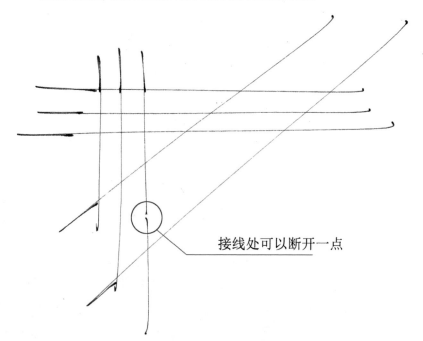

接线处可以断开一点

快线的视觉冲击力极强。画的时候要注意"笔要放平、横向移动、手腕不动"三个姿势要点。通过运笔来积攒力量，快速地把线画出去；在线的末端要以一个短暂的停顿作为收笔。

错误1：线条的运行速度太慢，不够果断，所以线条不够直。直线是效果图中使用最多的线，必须通过大量的练习来熟练掌握。

错误2：接线处没有留出一点空余。这种接线方式非常影响线条的美观和整体感。

错误3：起笔处过长。线条本身的长度很短，但是起笔却很长。

错误4：没有收笔，线条直接放出去了。这样的线条缺乏稳定感。但是在特别的情况下也可以使用，前期练习时尽量不要使用。

快线画法的常见错误如下：

错误1

错误2

错误3

错误4

2. 慢线

慢线是指起笔缓缓地把线画出来的方法。这种线条简单易学，使用起来也非常方便。虽然美观性略低于快线，但是在草图中使用更加合适。画慢线的时候，整体感觉要非常放松，要保证线条的准确，不能斜。但是却不一定非要画得像快线那么直。可以适当地抖动、弯曲。不过慢线有一个最大的弊端，就是跟马克笔上色不好结合。总体来说，画慢线的时候要做到手中有线，心中无线。只考虑画面的透视、形体，而完全不要考虑线条应该怎样画，这样画出来的线条才会自然美观。

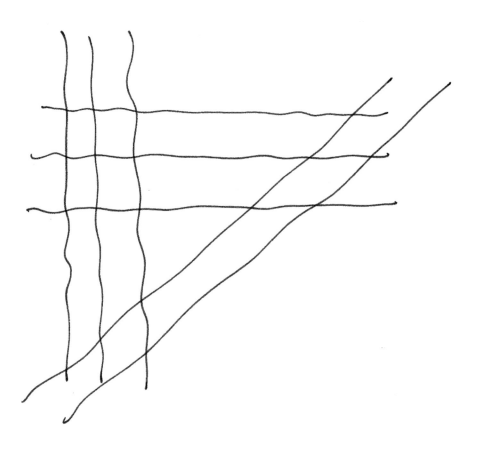

慢线画法的常见错误如下：

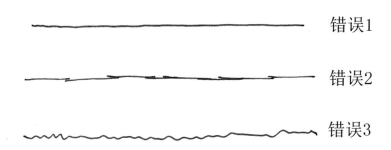

错误1

错误2

错误3

错误 1：线条画得太死板。由于运线的过程太紧张，不流畅，造成线条僵硬的感觉。

错误 2：断断续续地画线，使线条很毛躁，不平顺。

错误 3：过于刻意地抖动。抖动的时候应自然，想抖就抖，需要抖就抖，不要刻意地去抖动线条。

第二节　透视

透视是绘画中很重要的一个部分，因为有了透视，我们才能够在二维的纸面上塑造出三维的空间感。透视在手绘中的应用，相对而言不需要那么复杂、严谨，只要大致准确，能够很好地处理空间感即可。但是不准确不代表可以有错误，在手绘中允许透视时有误差，不过绝不允许有错误。透视要遵循"近大远小、近明远暗、近实远虚"这三个基本原则；在满足这三个基本原则的前提下，又分为一点透视、两点透视、三点透视以及散点透视这几种透视关系。

1. 一点透视

一点透视是所有透视中最简单、最规整的表达方式，又称为平行透视。它是从正面来观察物体的。

画一点透视的时候，所有的横线都是水平的。大家在练习的时候手要平稳。如果横线画得不平，一点透视最根本的原则就无法继续。

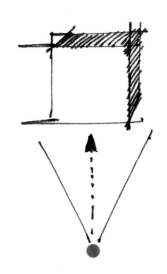

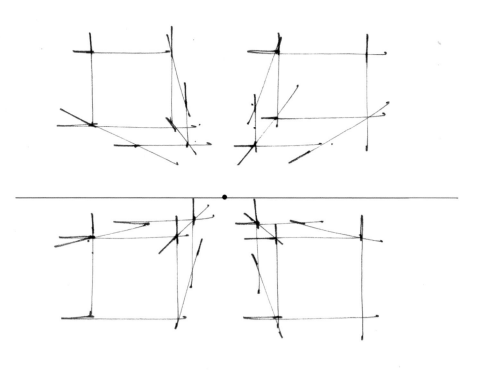

单独画一个方体时我们或许还能做到画得规整，可是在一张效果图中会有大量的横线，其中一条横线画偏了就会影响整张图的效果。所以我们要通过这种一点透视练习图来练习。画这张练习图的时候可以选用 A4 纸，在每张纸上画 16 个方体。在画的时候除了注意线条、透视以外，还要注意每一个方体的大小以及是否排列得整齐。这也是一种很好的练习抓型能力的方法。

2. 两点透视

两点透视比一点透视的难度稍微大一些，但是非常符合人看物体的正常视角。基本上，大部分的画面我们可以理解为不是一点透视即是两点透视。其余的比如三点透视、散点透视等在手绘效果图中并不常用。

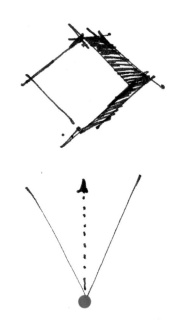

判定一张图是一点透视还是两点透视非常简单，就看横线是否全部水平就可以了。因为无论一点透视还是两点透视，所有的竖线都是垂直的。相比一点透视，两点透视画出来的画面更舒服，更有视觉冲击力。在具备了一定的线条能力以及一点透视的能力以后，可以开始着手练习两点透视。

同一点透视一样，我们采取这种画方体的方法来练习两点透视。

由于难度较大，画两点透视的时候一定不要急躁，慢慢地去瞄准每条线所对准的视点。

　　采用画方体的方法练习两点透视尤其是要注意每一个方体交于一点的三条线，它们之间延长线的关系是否是渐近的。如果延长之后，有一条线离另两条线越来越远，那么就是错误的线，需要及时更正。

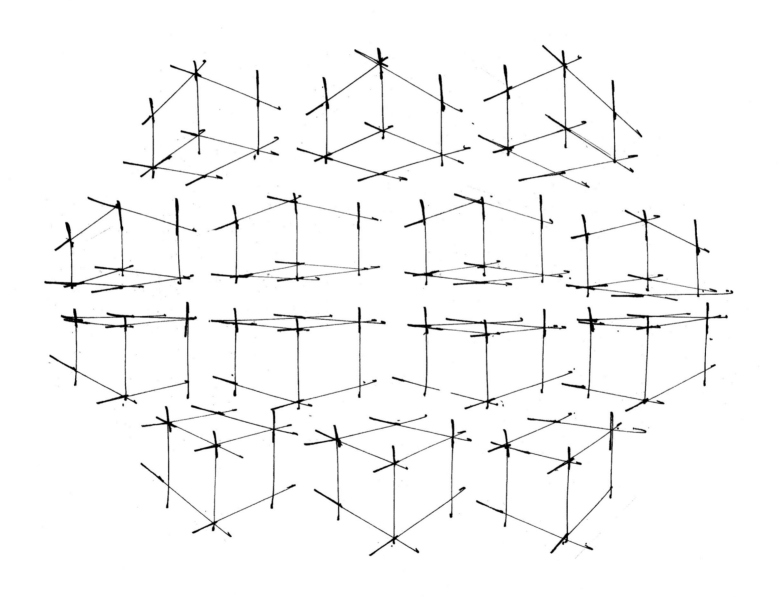

3. 一点斜透视

　　一点斜透视是介于一点透视和两点透视之间的一种透视表达方式，我们可以通过这种方体来练习。

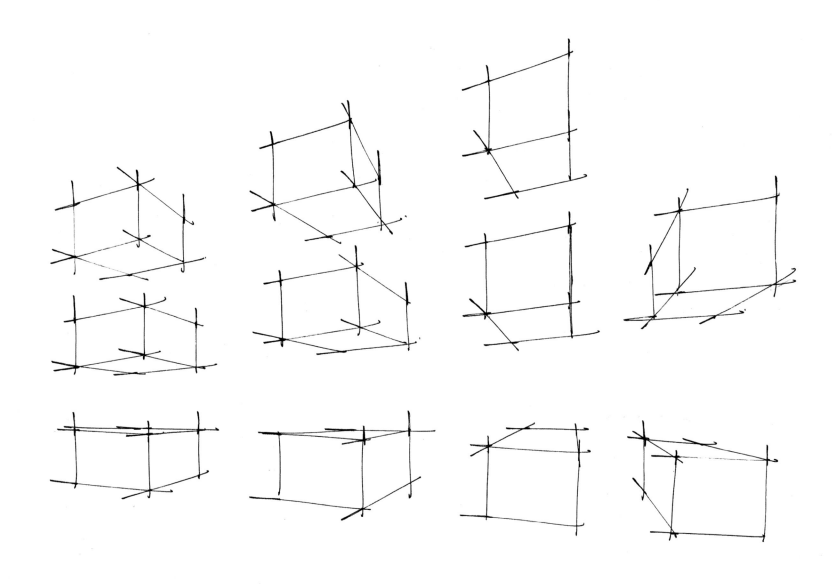

（1）一点透视

　　一点透视是最简单、最实用的勾勒空间的方法，一切的重点都放在方案的设计上而轻表现，所以一点透视的图也可以算表现力比较弱的表达方式。建议读者在练习手绘的初期出方案的时候使用，一点透视也是可以画出很丰富的画面感的。

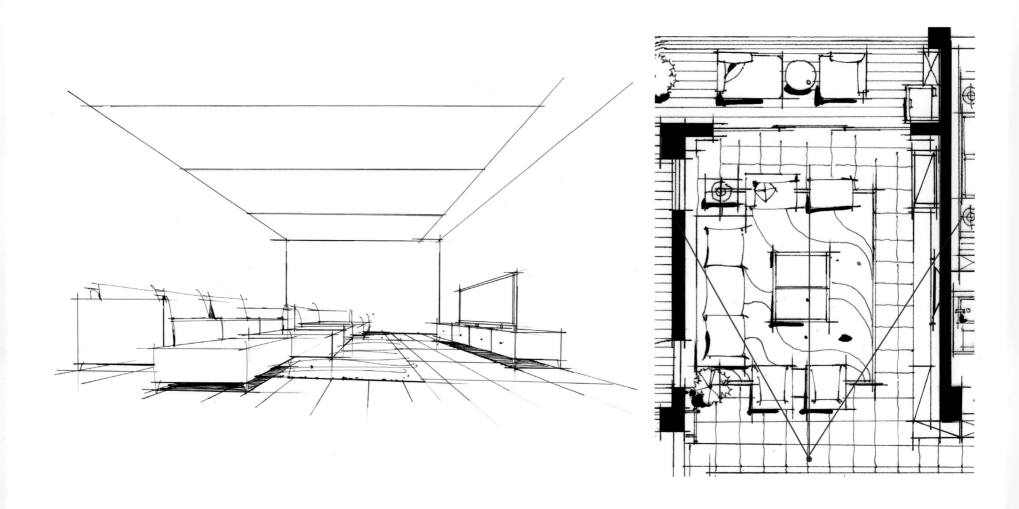

（2）一点斜透视

一点斜透视比一点透视难度略高，不过比两点透视要简单一些，是室内最常使用的构图方式。严格来说，一点斜透视就是两点透视的一种，只不过它的透视点相对距离较远，所以整体刻画时很多方面与一点透视相似。

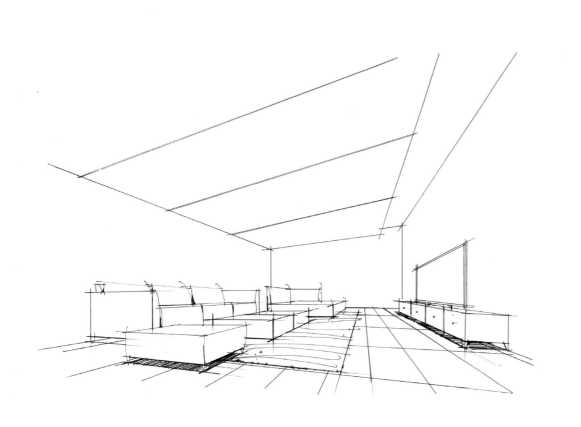

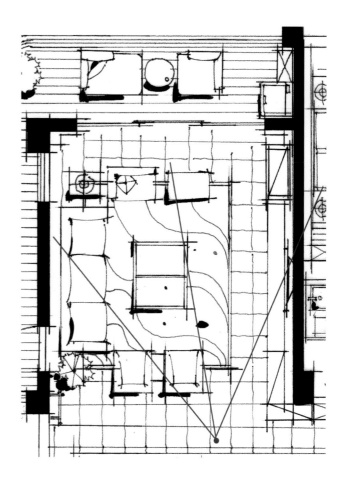

（3）两点透视

两点透视难度较高，通常用来表达细节的场景。两点透视本身更符合人观察物体的视角，刻画得也更生动。

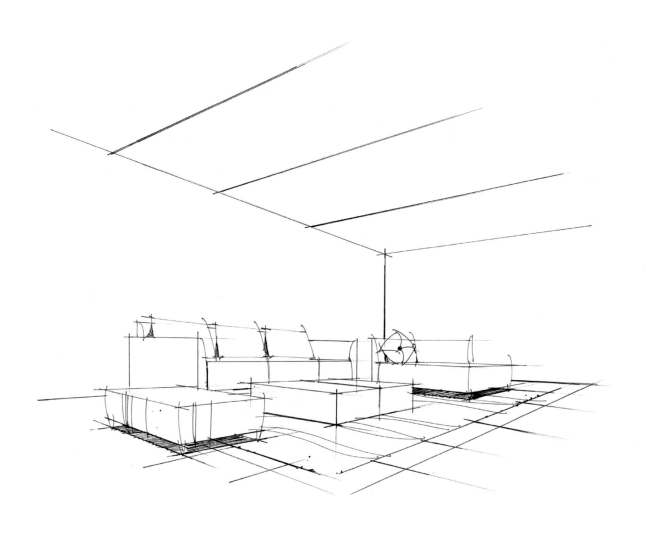

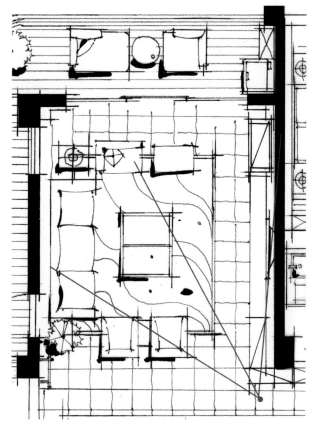

第一节　马克笔概述

可以说，马克笔上色是整个手绘效果图中最重要的一个环节，也是令大部分读者比较困惑的一道难关。

首先，我们要明确马克笔的优点及缺点。相对于其他的上色工具，比如水彩、水粉等，马克笔缺少了它们所具有的艺术性。这也就是为什么一幅水彩画或者油画可以价值几百万元，而再优秀的马克笔作品都不值什么钱的原因。那么马克笔效果图的价值在哪里呢？

马克笔效果图的价值就在于设计。如果你的设计方案通过了，被甲方接受了，拿到了设计费，那么你的效果图就有意义；如果方案没有中标，那么你的效果图恐怕也随之失去了价值。

马克笔相对于水彩，在效果图表现中的优势有以下几点。

1. 简单

水彩绘画中有一个非常重要的过程，就是调色过程。这需要一定的绘画基础才能做好。而马克笔的颜色是固定的，这对一些绘画基础本身比较薄弱的读者非常有帮助。而且在笔触上，马克笔的笔触也较水彩等绘画方式简单、易学，有章可循。所以，在效果图的表现中，马克笔更适合一些非美术专业或美术功底不是特别深厚的读者。

2. 马克笔的色彩比水彩更加明快

我们要知道，手绘效果图更多的是要面对我们的甲方或老板，而大部分的甲方并不是美术或者设计专业出身，他们更容易接受色彩明快、视觉冲击力强烈的画面。所以，单纯从手绘效果图来说，马克笔的画面比水彩的画面更容易"跳"出来。

3. 携带方便

在设计讨论过程中，经常要一边同客户交流，一边勾勒草图方案来辅助理解。这时候如果你拿出水桶去接水，又拿出水彩笔来调色，恐怕客户已经哑然失笑了。而只要随身携带一根针管笔、几支常用的马克笔，就可以很好地把你的设计思想传达给客户，也会使你的客户对你刮目相看，提升客户对你的设计方案的印象分。

在开始着手练习之前，我们需要明确地了解马克笔的使用方法。

使用马克笔的时候，讲究的是"快、准、稳"。

使用马克笔绘画的时候千万不能犹豫，落笔之前要先想好，落笔之后要果断地画出，然后把笔抬起来。所以说，"快"是马克笔绘画最基本也是最重要的一个要素。马克笔的特性是基本上没有覆盖力。也就是说如果先画一层红色，再在上面画一层绿色，那么绿色是完全不能覆盖住红色的，红色还会返上来，使颜色混在一起，变得很脏。所以在使用马克笔的时候，颜色用得要准，能一层确定的颜色尽量不去画第二层，这样画面才干净、明快。

在以马克笔运笔的时候，下手一定要平稳，这样画出来的笔触才美观。

在学习马克笔绘画之初，可以选择卓越手绘教育机构定制的 60 色（设计家）马克笔。

1	9	16	25	43	46	47	50	51	55
58	59	62	67	76	83	94	95	96	97
98	104	116	118	120	154	204	208	210	308
426	508	602	606	610	624	625	640	664	667
668	674	802	804	808	WG1	WG2	WG3	WG4	WG5
WG7	BG3	BG5	BG7	CG1	CG2	CG3	CG4	CG5	CG7

在对马克笔有了一定的了解之后，可以考虑选择一些其他品牌的马克笔，如 AD 牌、三福牌、法卡勒牌等。而在这个时候，色彩的选择可以根据个人的喜好来决定。

第二节　马克笔上色技法

1. 平移

平移是马克笔绘画最常用的技法，一张图上 70% 的颜色都是用这种方法铺满的。平移下笔的时候，笔头的宽面要完全地压在纸面上，然后快速果断地画出。在收笔抬笔的时候也不要犹豫，更不可长时间地停留在纸面上，因为马克笔在纸面停留的时间越长，颜色就越深，而笔触也会向四周扩散开来。这里提到马克笔的叠加性。同样一支马克笔，在纸面的同一个位置画两遍会比画一遍颜色更深。

2. 线

马克笔画线的用途，主要在于过渡颜色，多与平移一起搭配使用。用马克笔画线同样需要果断，也需要画得细一些，不需要有起笔。通常一种颜色的过渡线有一两根即可。如果线太多反而会有画蛇添足的感觉。

3. 点

马克笔的点是比较灵活的，也是比较复杂的。很多读者在处理点的时候都比较头疼。马克笔的点多用于一些特殊材质的过渡，以及植物的刻画。在画点的时候，点要圆润、平稳、自然，要按照平面构成的原理来处理点的排列。通常采用"以面带点"的方式进行刻画。

4. 扫笔

扫笔是指在笔运行的过程中快速地抬起，使笔触在纸面上留出一条过渡的"尾巴"。这种技法多用于处理画面边缘和需要柔和过渡的地方。扫笔只能使用浅颜色，重色在扫笔的时候很难处理。扫笔也多与彩铅结合使用。

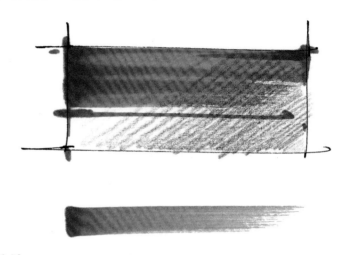

6. 蹭笔

蹭笔是指将笔压在纸面上快速地来回移动，从而填充颜色的方法。蹭笔的用途与平移也很相似，只不过蹭出来的画面过渡更加柔和。

5. 斜推

斜推的笔法类似于平移，但它主要是处理有菱形的地方，比如带有透视的地面或者建筑的底面等。可以通过调整笔头的角度来调节笔触的角度和宽度。

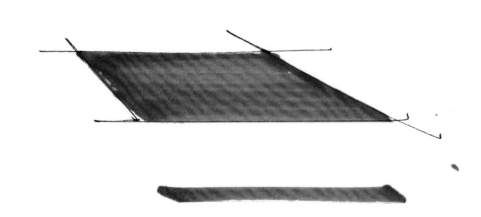

第三节 彩色铅笔上色技法

彩色铅笔也是手绘效果图的主要上色工具。相比马克笔，彩色铅笔更加简单，更容易上手，但是整体色彩的表现力略弱于马克笔。不过很多人比较喜欢彩色铅笔这种很淡雅清新的风格。在日常主流的手绘表现中，彩色铅笔更多的是用于辅助马克笔。虽然通常我们也只不过使用 72 色彩色铅笔，但是由于彩色铅笔可以根据下笔的力度不同而反映出不同的色彩，所以虽然只有 72 支笔，却可以画出很多的色彩变化。

彩色铅笔分为水溶性和非水溶性两种。这两种笔的属性不同，用法也有差异。水溶性彩色铅笔的色彩更加丰富，铅质较软，画的时候笔触颗粒较大，不适合刻画细部。非水溶性彩色铅笔的色彩感略弱于水溶性，但是铅质很硬，比较适合刻画细节。在使用彩色铅笔的时候，要把笔尖削尖，干脆利落地使用，千万不要画得太腻了。

至于笔触的方向，要尽量保持一致，不要像素描一样交叉排线。

非水溶彩铅

错误用法

水溶彩铅

第四节　马克笔的应用技巧

1. 黑色马克笔的应用

在用马克笔给画面上颜色的时候，经常会用到马克笔色彩最重的一种颜色——黑色。黑色马克笔的应用会使画面整体层次拉到最大，画面的视觉冲击力达到最强。但是水能载舟亦能覆舟，黑色马克笔也是马克笔上色中最让人头疼的一环，因为一旦黑色用得过量，就会直接毁掉整个画面。

那么黑色马克笔一般用于什么位置呢？

（1）整个画面中最受不到光的地方，如墙角、叶片的缝隙等。

（2）阴影处。

（3）明暗交界线暗处。

（4）远处的物体。

（5）家具的暗部。

（6）植物的暗部。

（7）玻璃等表面光滑或反射特别强烈的材质。

2. 高光笔的应用

高光笔通常用在画面将要完结的时候，用来提升画面效果以及修补画面上一些细微的瑕疵。同黑色马克笔一样，高光笔可以将整张图的对比拉到最大，但是也要慎重使用。很多读者非常依赖高光笔来提升画面效果，这样做是不对的。高光笔虽然可以对画面的整体效果做很多改善，但其作用毕竟是有限的，所以不要过度依赖高光笔。

在使用高光笔的时候，一定要点得饱满，不能蹭得很脏，尤其不能在彩铅上提高光。修正液是可以在彩铅上使用的。

高光笔通常用于以下几处。

（1）整个画面最亮的地方，如家具受光面、灯光等。

（2）明暗交界线的亮处。

（3）需要清晰强调的物体亮部。

（4）水体的亮部。

（5）玻璃等表面光滑或者反射特别强烈的材质。

CHAPTER **04**

常用的单体画法

第一节　单体步骤

1. 沙发

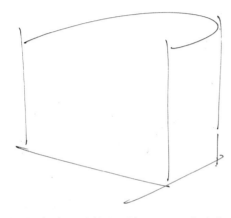

（1）在处理单体的时候，需要先确定一些比较容易确定的线。不管是否异形，都要当作方体来处理透视。

（2）如果物体的形体中有跟方体很接近的部分，可以先将方体确定下来，比如座垫部分。

（3）在需要强调的地方加重线条。如坐垫与椅背的夹角，阴影等。

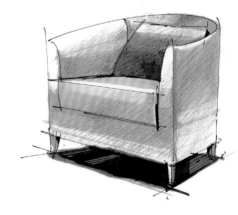

（4）马克笔上色的第一层通常选择平铺的方式，此时无需太多的笔触处理。

（5）第二层颜色需要注意区分受光与背光面。同时比第一层上色时更注意笔触。马克笔拉线切记不要太多，每层颜色一般用一根线作为过渡即可。

（6）对于这种比较简单的单体，马克笔部分画两层即可，第三层可以适当加一些彩铅进行柔和过渡。彩铅部分注意笔触要有透气性。

2. 柜子与台灯的组合

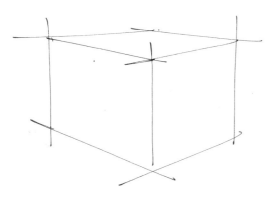

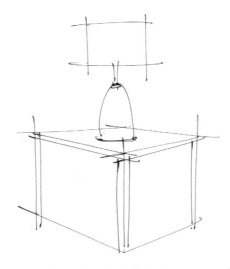

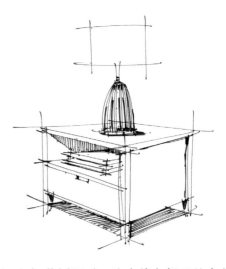

（1）柜子与台灯的组合，在我们画图中出现的频率很高。柜子通常可以用一个方体来概括。

（2）画台灯时要注意台灯的重心，一定要稳稳地落在柜子的中心上。

（3）细节刻画时，注意线条轻重的变化，阴影的部分需要加重以突出形体。

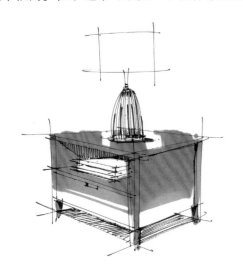

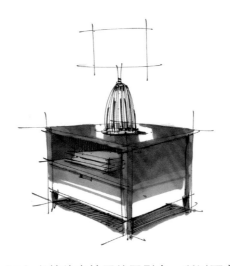

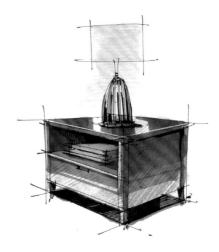

（4）第一层颜色需注意柜子的顶面、反光感觉的处理。反光的笔触一定要垂直。

（5）书籍处在抽屉的阴影中，所以不宜画得太过突出。

（6）灯光用黄色的彩铅来表现，注意光源的位置，以及台灯受光部分的表现。

3. 沙发与柜子的组合

（1）这组沙发与柜子的组合，相对于之前的图例增加了一些难度，需要注意长线条的处理，同时还要注意两个方体之间透视的一致性。

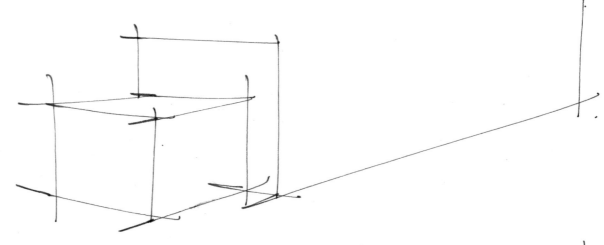

（2）对于这种需要多根长线条表现的物体，我们需要具有较强的控线能力，如果透视图的一条线画错了，基本上就需要重新画了。

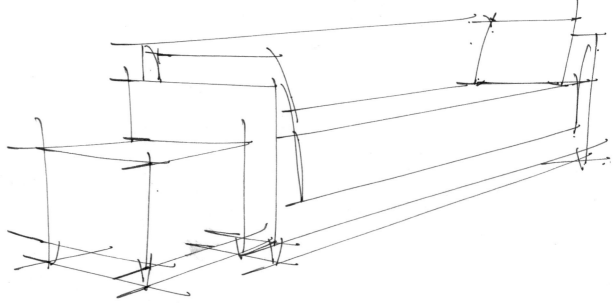

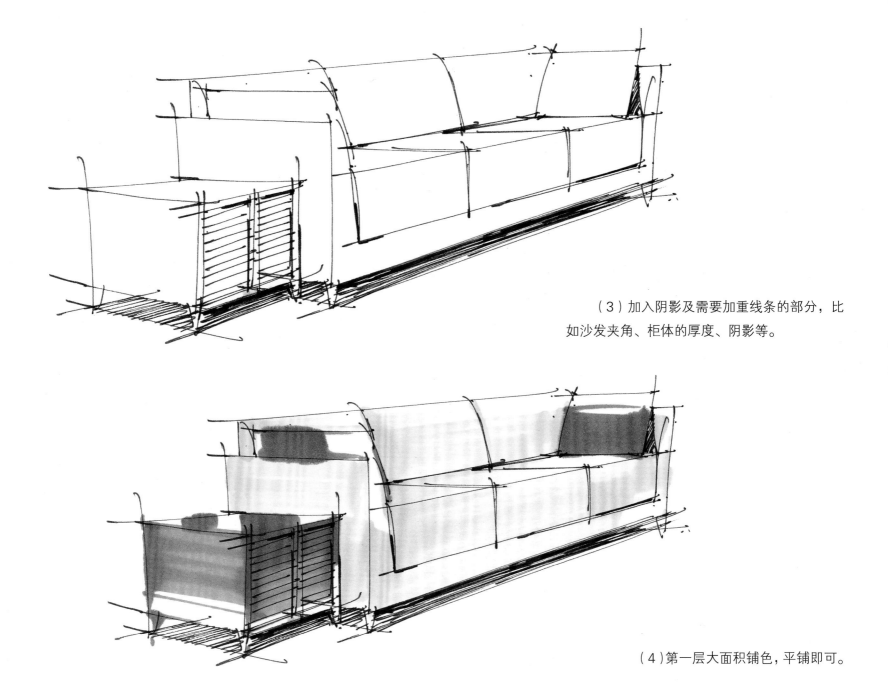

（3）加入阴影及需要加重线条的部分，比如沙发夹角、柜体的厚度、阴影等。

（4）第一层大面积铺色，平铺即可。

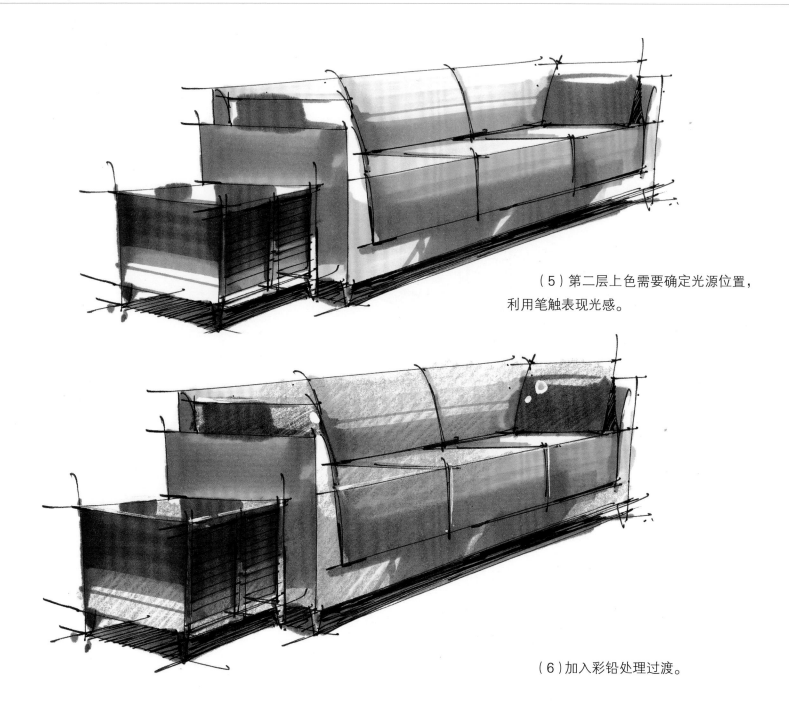

（5）第二层上色需要确定光源位置，利用笔触表现光感。

（6）加入彩铅处理过渡。

4. 餐桌

（1）在画餐桌的时候，因为形体过于复杂，需要考虑从前面的物体来画，避免过多的废线。

（2）注意后面两把椅子的位置，以及透过椅子下面所看到的椅子腿的位置。

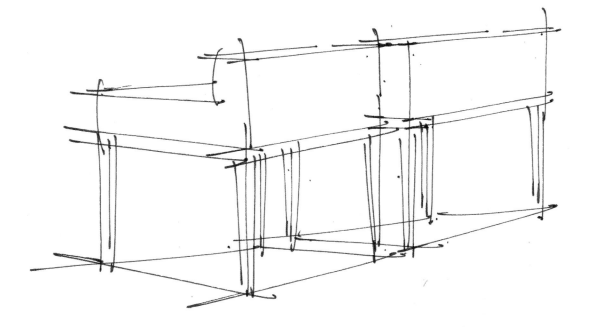

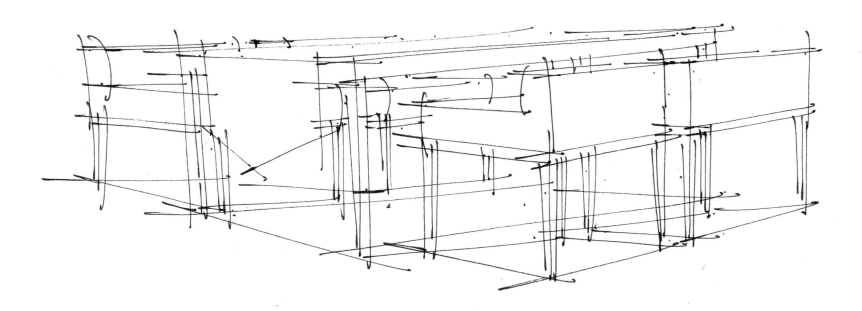

（3）在处理细节的时候，利用阴影
来区分各个部分。

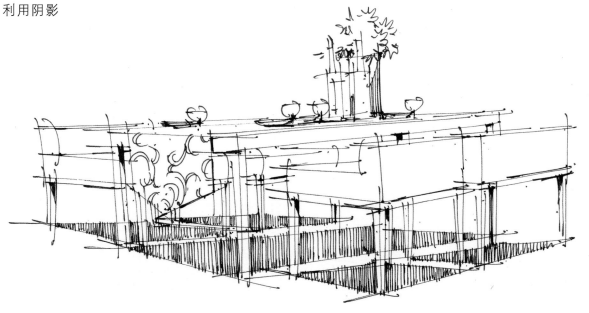

（4）蓝色的桌布是整个餐桌的亮点，
可以让餐桌更有视觉冲击力。

（5）主体物的笔触需要刻画得丰富一些，但是出来暗处的部分，采用平铺的画法即可。

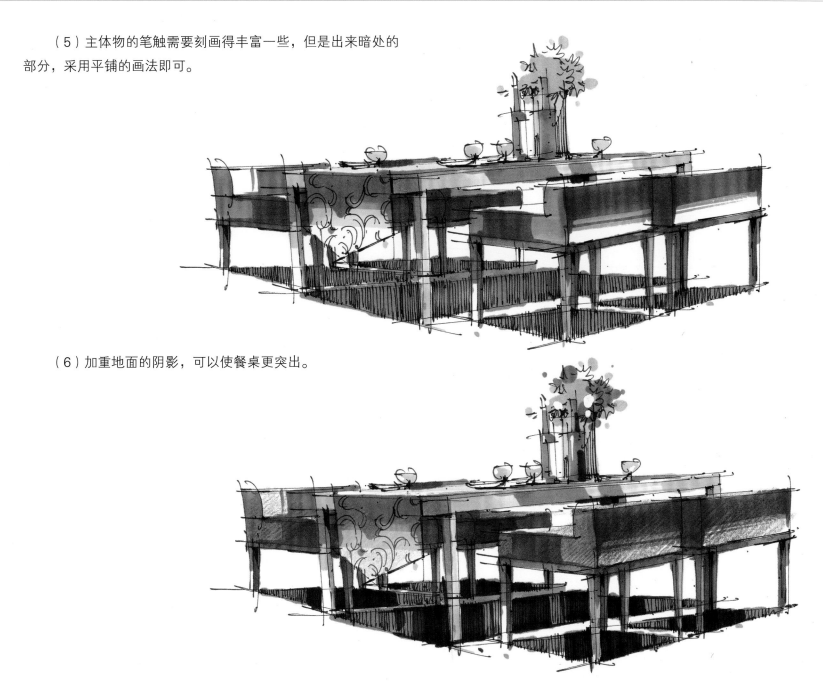

（6）加重地面的阴影，可以使餐桌更突出。

5. 床

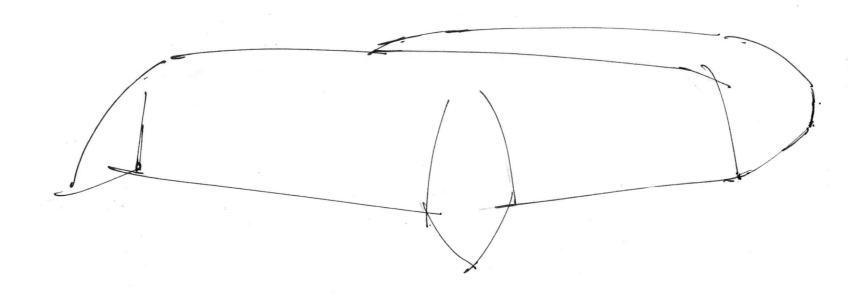

（1）在画床的时候，虽然是先把床上的被子直接处理出来，但是形状以及透视关系都是根据床垫来确定的。

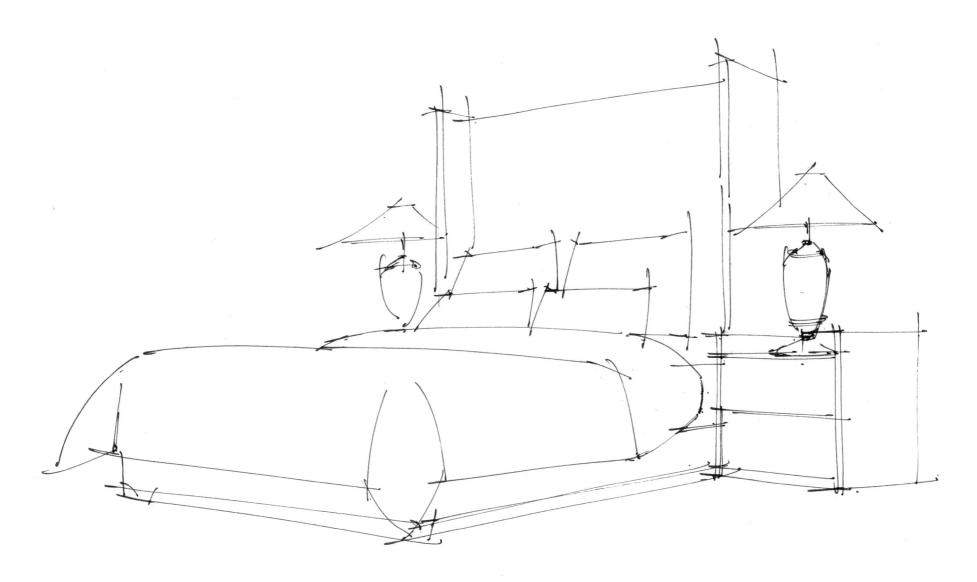

（2）床体可以说是室内单体中最难处理的一部分，线条比较长，物体比较多，透视也更复杂。所以，在画床的时候，每一条线都要经过慎重考虑，以免画错，前功尽弃。

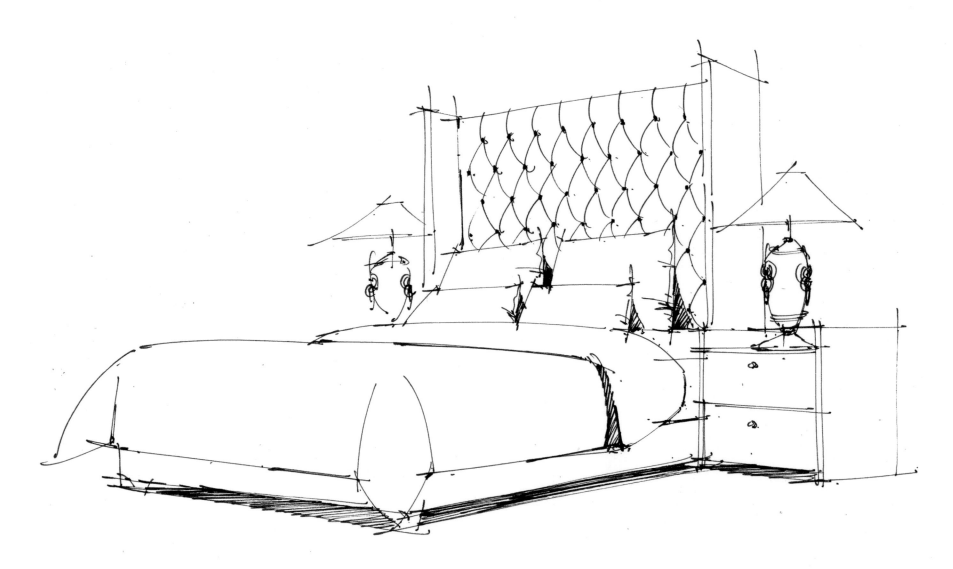

（3）在细节上，要注意床头的软包，一定要画对方向，让它鼓起来，表现出软包的感觉。

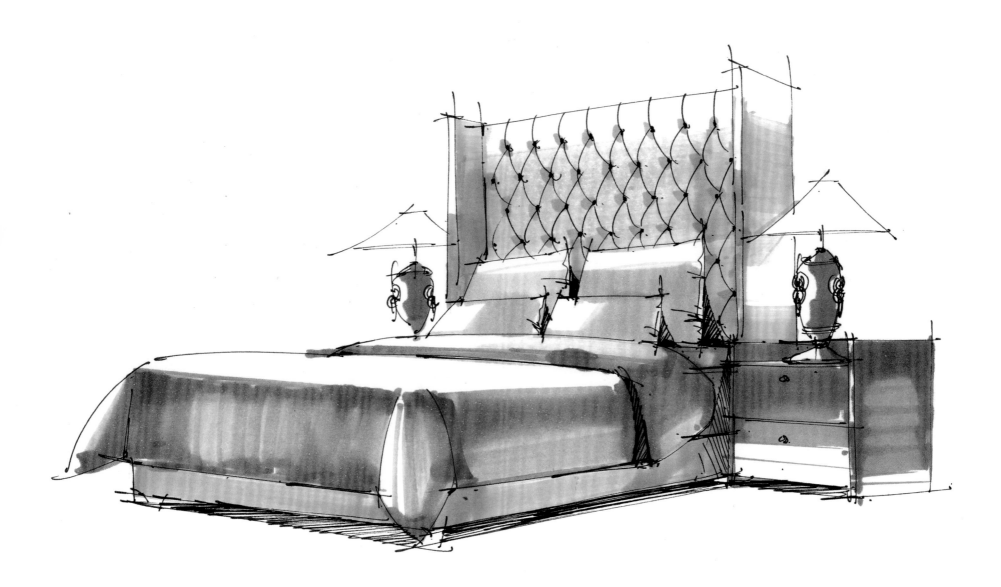

（4）床的顶面可以通过大面积留白的方式增强光感。室内的光以顶面光源居多，所以物体的顶面都会处理得亮一些。

（5）有些地方的暗部可以做一些夸张的处理，但也要考虑到台灯的灯光。

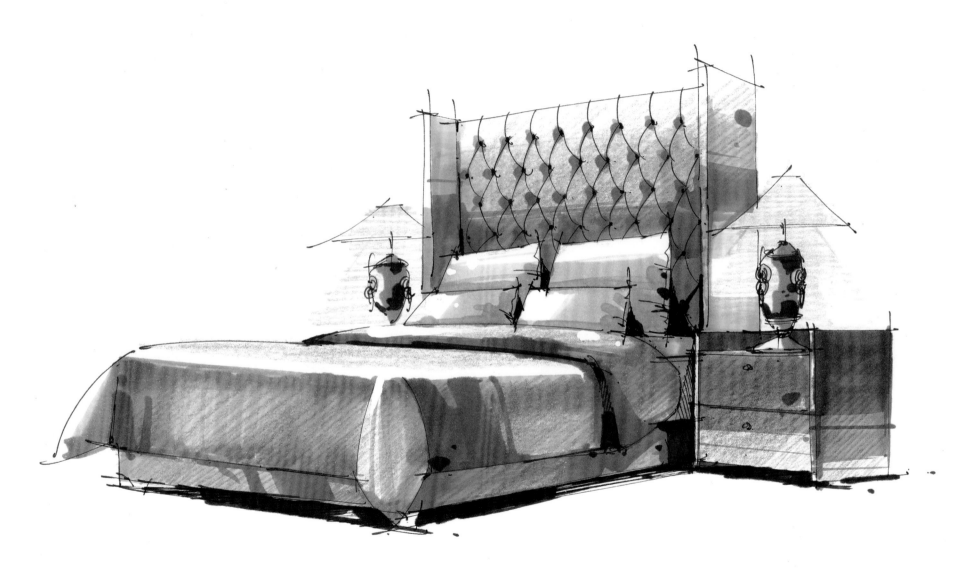

（6）最后，主要处理部分细节，如柔和过渡、线条加重、灯光的表现等。

第二节　抱枕、靠垫

　　抱枕及靠垫是室内设计的万金油物品，几乎每一张室内设计手绘都会有它的存在。在处理的时候，应注意它们的体感。因为它们不是正方体物体，所以在塑造体感上会有一点难度。我们要通过褶皱、马克笔的笔触及靠垫本身的花纹来表达。还要注意靠垫的透视，要与承载它本身的物体相一致。

　　下面我们来试绘一些范例。

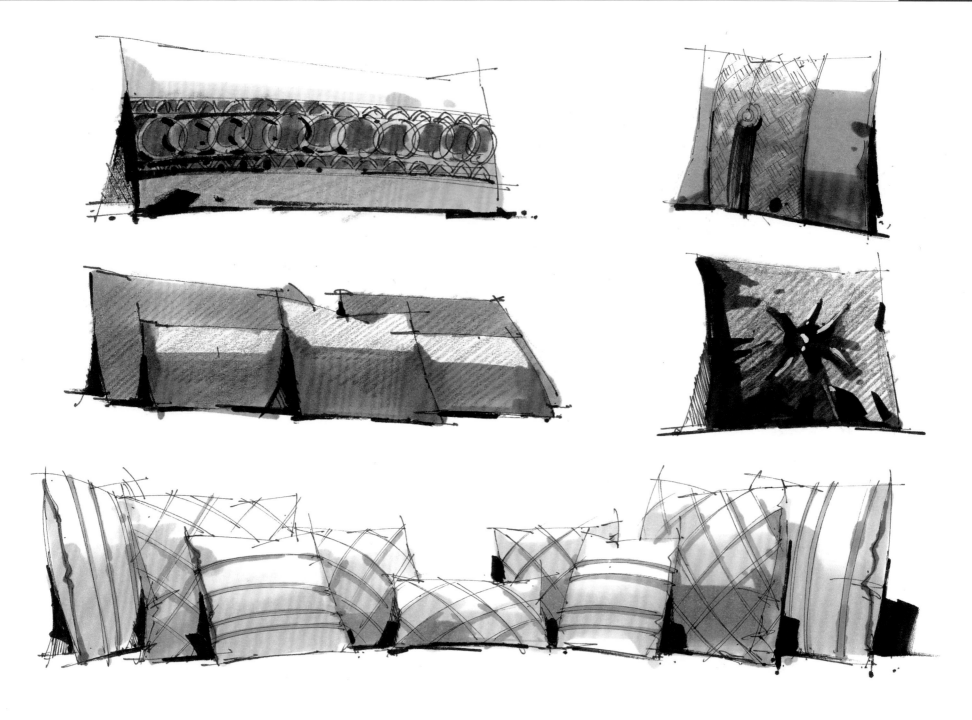

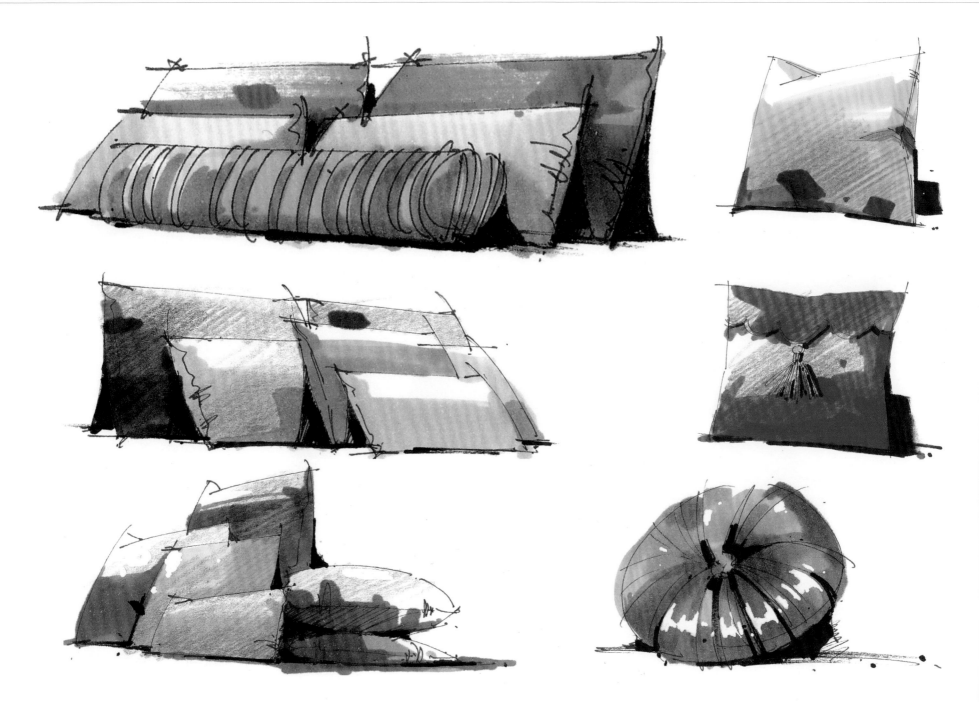

第三节 挂画

　　挂画的处理需要注意挂画与墙面的透视关系，如果出现错误，会造成整张图的透视错误。虽然挂画只是室内很小的一个部分，但是如果处理不当，会造成很大的影响。同时，挂画的内容尽量选择抽象的图案，不要喧宾夺主。

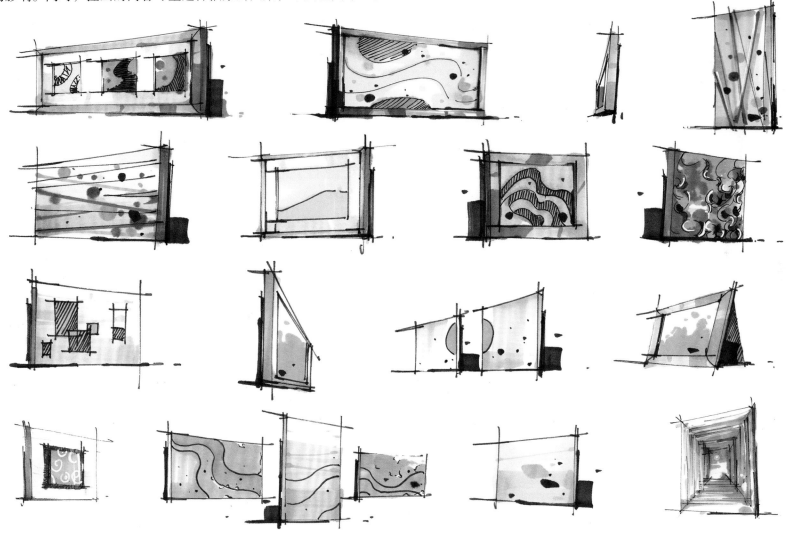

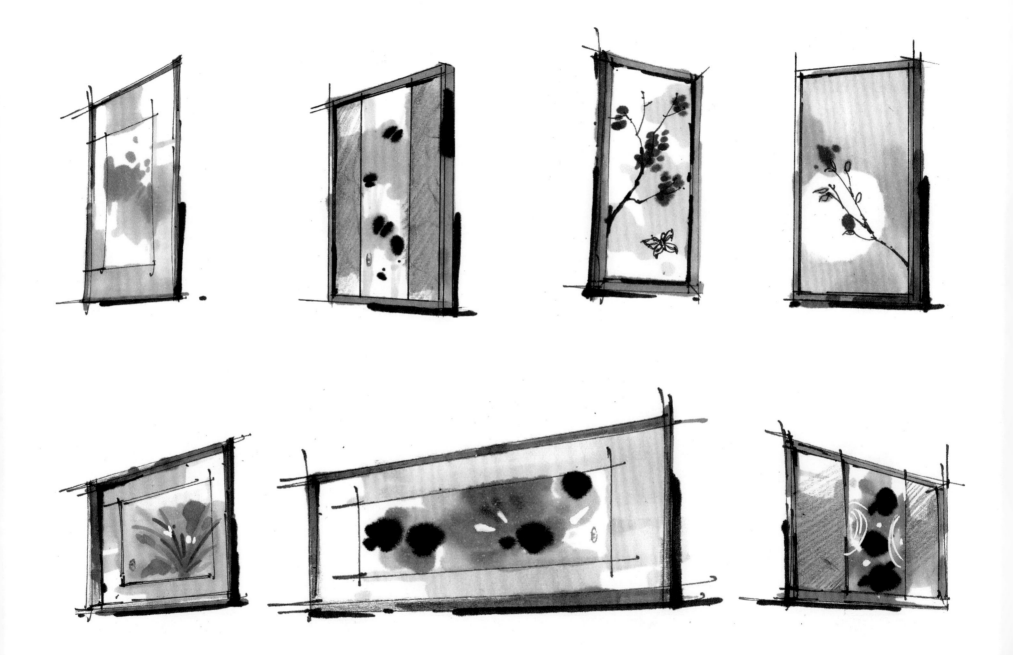

第四节 灯具、装饰品

　　灯对于室内设计而言是不可或缺的物品，起到光源以及装饰的作用。灯的种类繁多，有的很难，有的及其简单。不论简单或难，都要保持线条流畅。即使面对形体很复杂的灯或者装饰品，也要用极其概括的笔法将它们呈现。

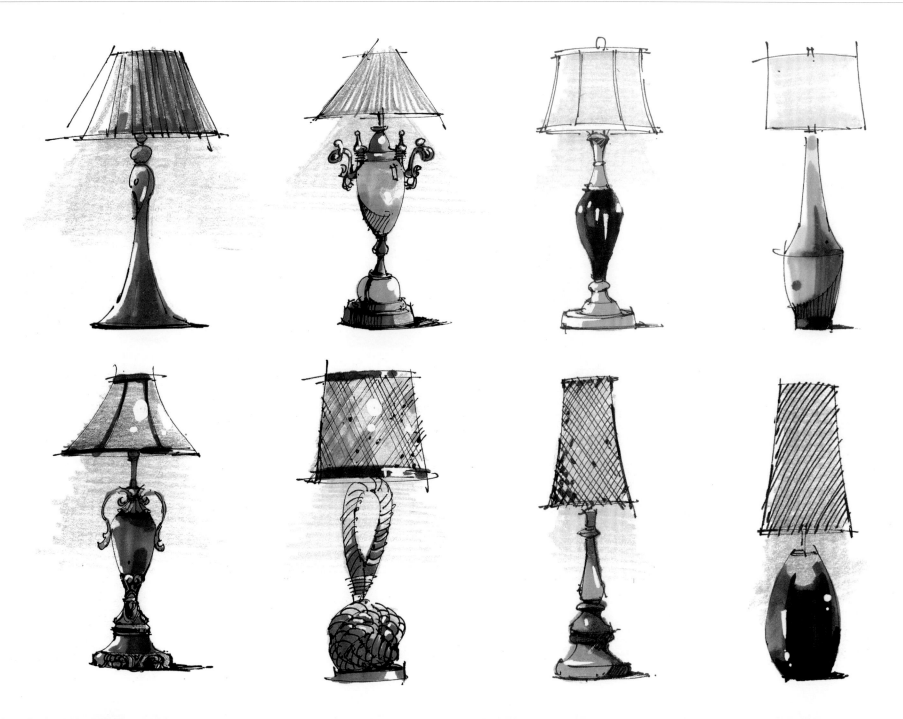

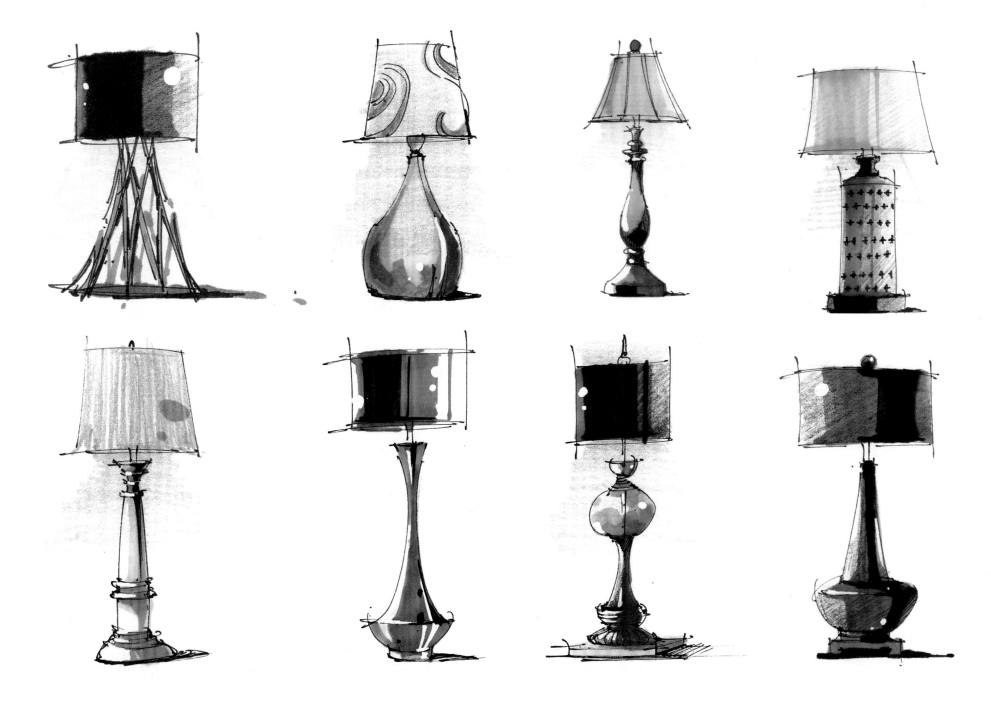

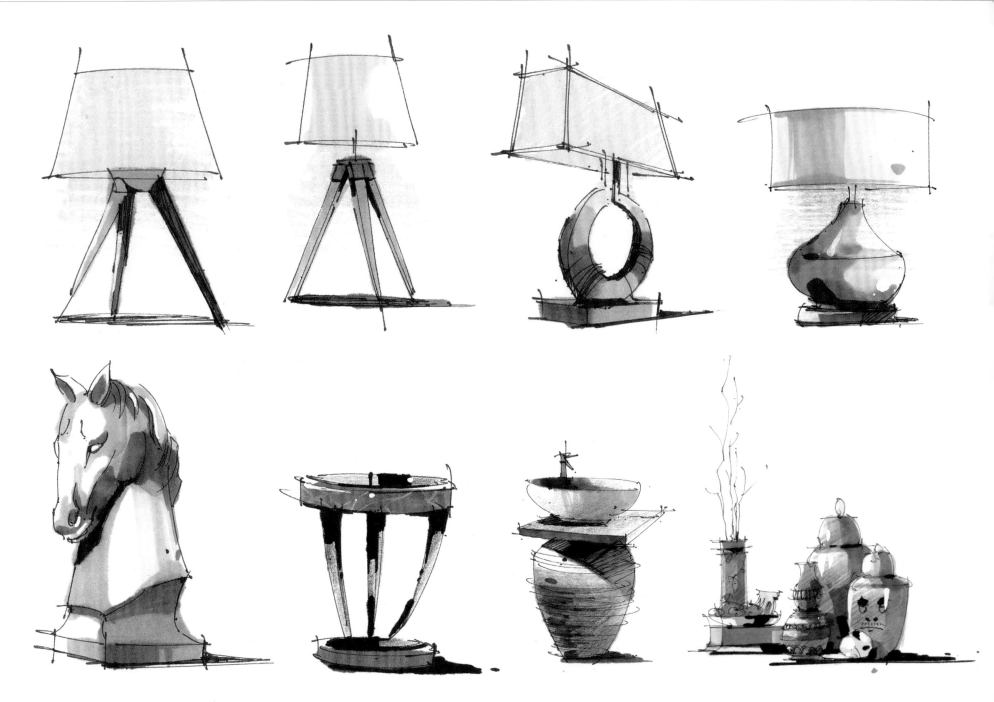

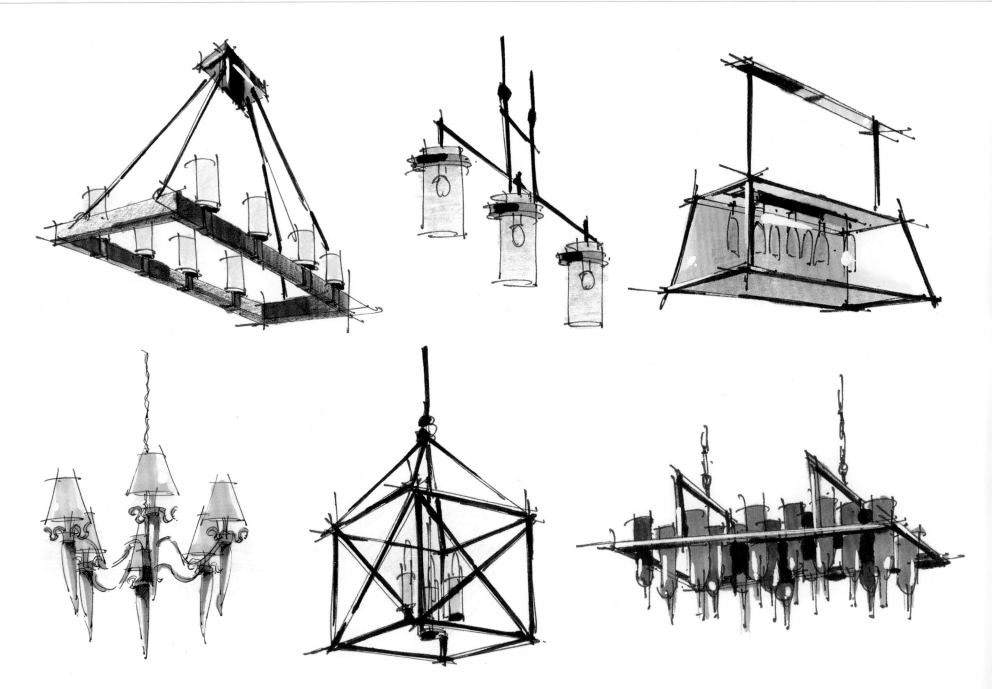

第五节　座椅、沙发

　　座椅和沙发是室内单体中最常见、最重要、也是趣味性最强的部分。各式各样的座椅、沙发可以给整个室内设计带来多样的设计感。在练习的时候，可以找到很多素材进行临摹。在画的时候，要注意材质、色彩及光感的体现。有的沙发形体比较特别，甚至曲线较多，需要对其进行合理的概括。上色的时候，要着重处理它们的素描关系。

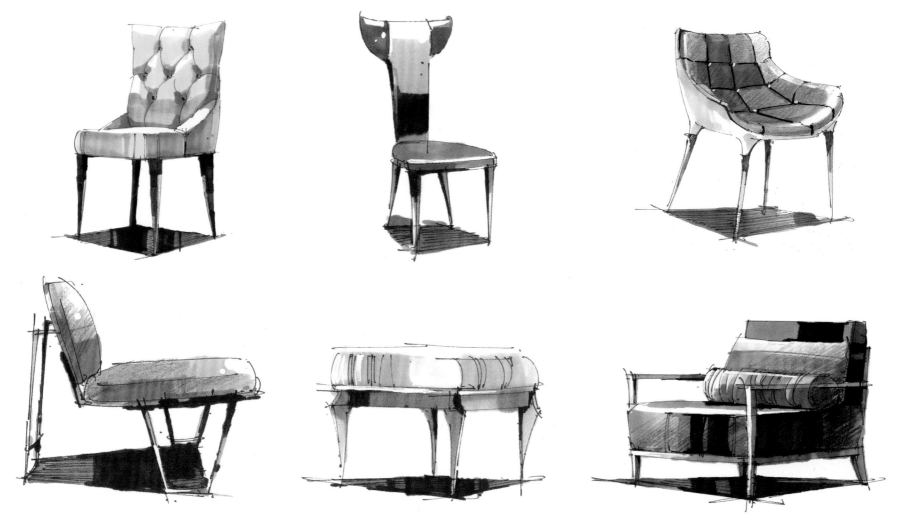

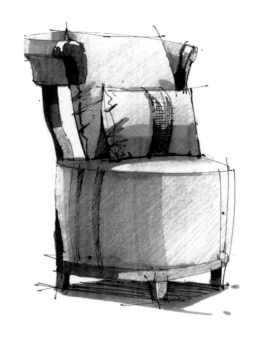

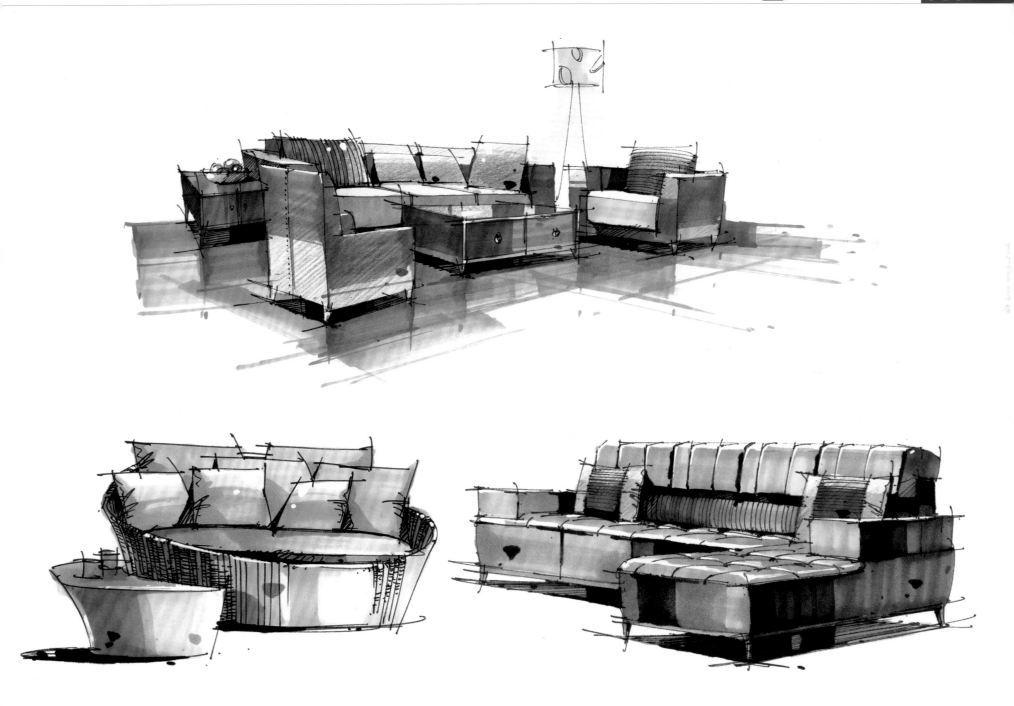

第六节 餐桌组合

　　餐桌组合在工装中经常使用，也可以作为餐饮空间使用，同时很多场所的休息区也时常用到。可以说练习好餐桌组合的手绘，对室内设计会有极大的帮助。餐桌组合的复杂程度远远高于沙发单体，在练习的时候，需要注意每一件物体之间的位置和比例关系。

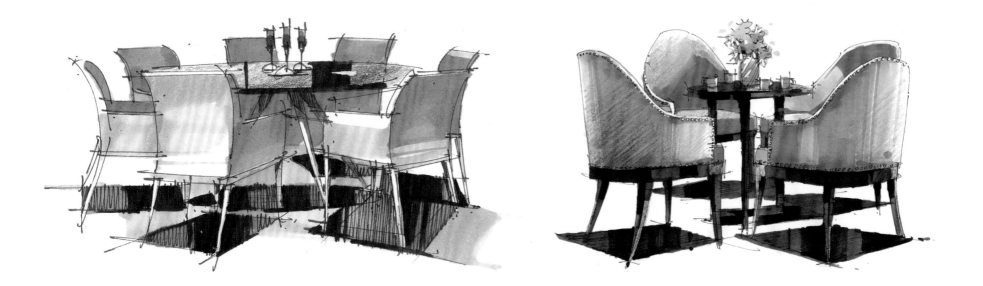

第七节　床组合

　　床组合是室内设计手绘中最难的一个部分。床组合常见的物品包括靠枕、被子、毯子、床头柜、台灯、床尾凳。在绘画的时候，每一件物品之间的关系、颜色、材质都需要特别注意，尤其是两边台灯的透视关系。同时要注意床尾凳等其他物品的位置关系。床上用品要尽量画得柔软、舒适。

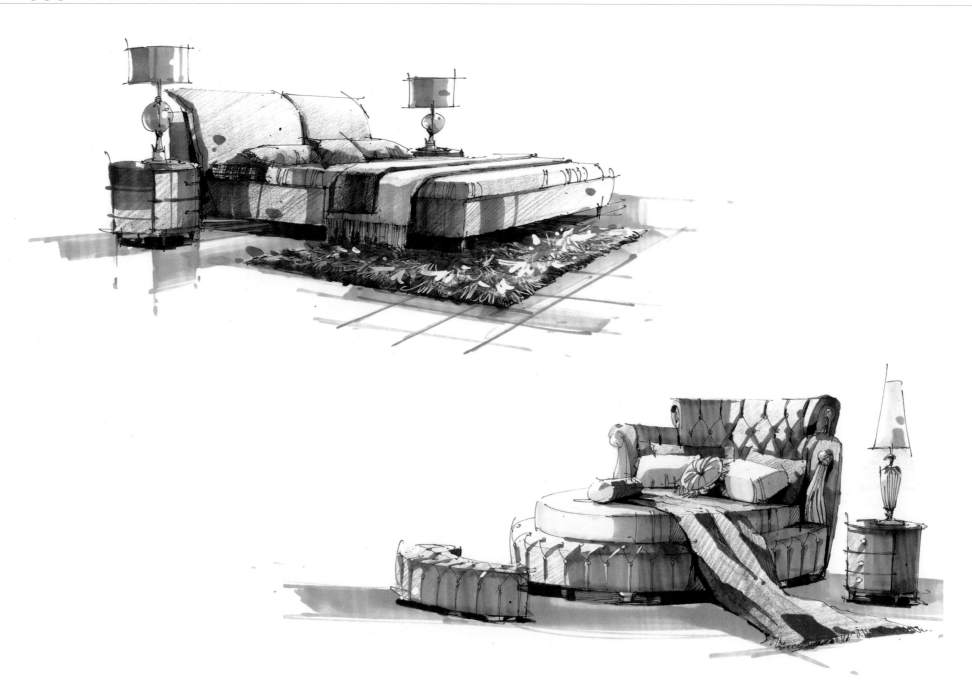

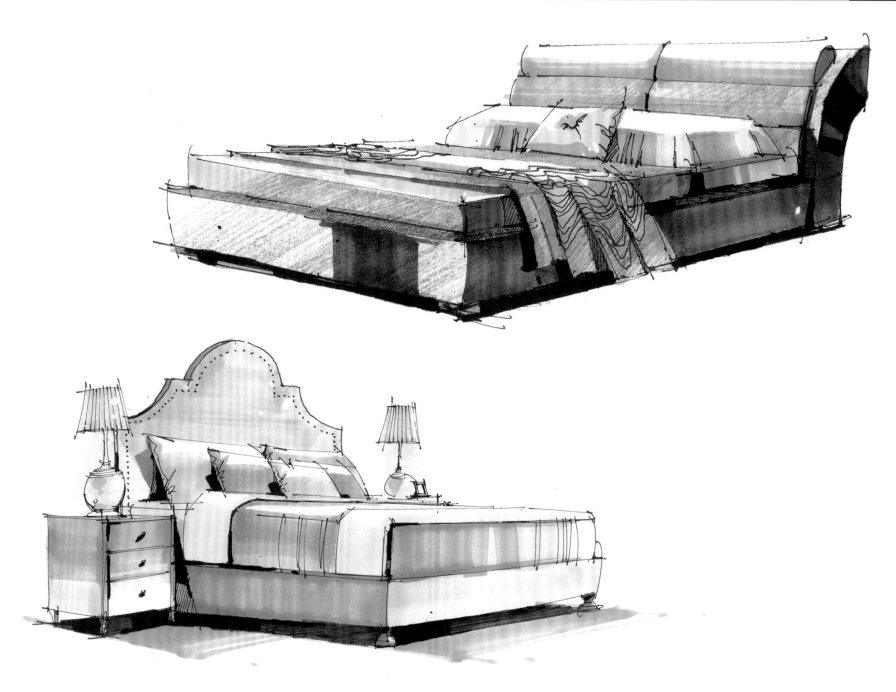

第八节 吧台、柜子

吧台多用于商业空间，如办公室、酒店大堂、餐厅、咖啡厅等场所。吧台的选用，应当以简洁大方为主，同时可以凸显整个场景的设计风格。对材质的处理要求较高。

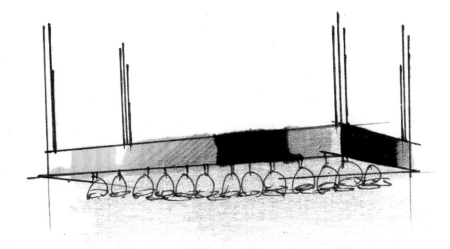

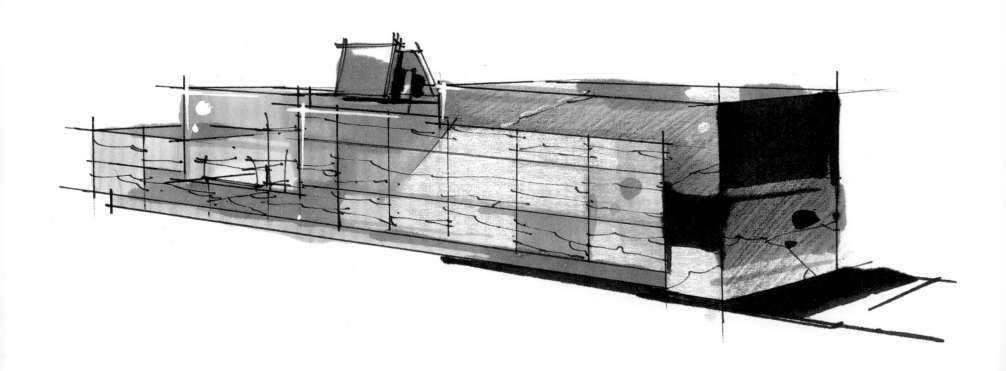

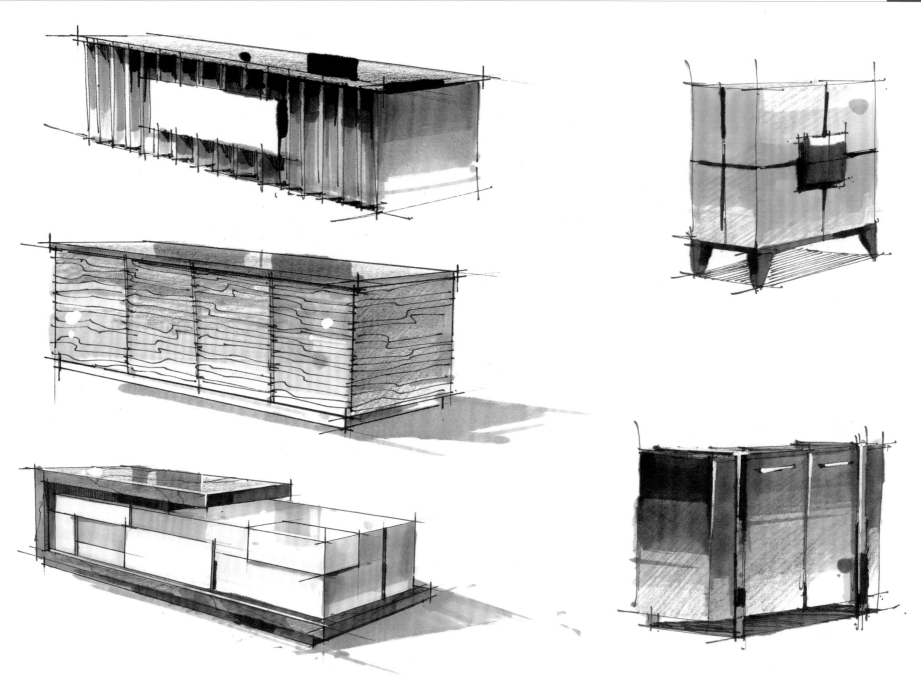

第九节 植物

　　室内植物是非常常见的点缀，不过植物相对也比较难画。基本上只要画好两三种植物也就够用了。画室内植物不宜用太纯的颜色，以免喧宾夺主。植物一般出现在角落的位置，或者茶几、餐桌上。

CHAPTER 05

平面图

平面图画法
平面图效果图绘制

第一节　平面图画法

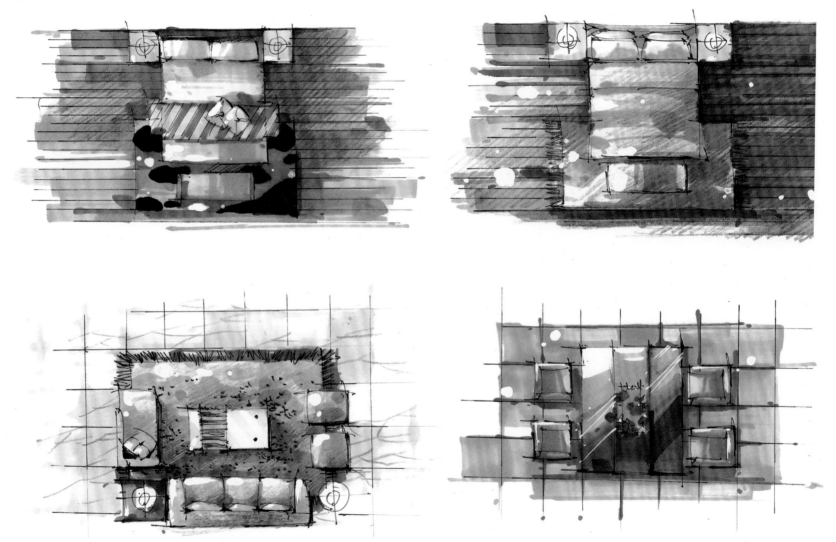

　　平面图是室内设计的开始，也可以说是最重要的一环。现在大部分设计师还是单纯的使用 AutoCAD 等软件来表现平面图。那样的平面图效果比较平淡，不能在第一时间打动甲方。手绘平面图是一项性价比极高的技能，因为它的绘制难度远远低于数字效果图，而且用途更广泛。

　　练习平面图可以先从单体组合开始，需要注意的是家具的阴影部分，一定要强调出来，这样平面图的效果会更加强烈。

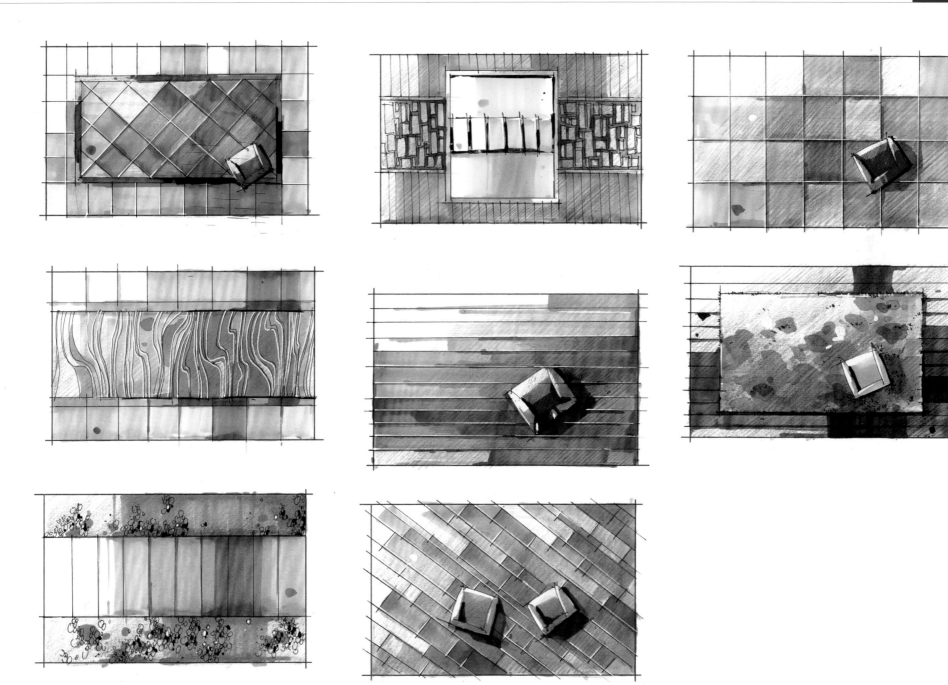

第二节 平面图效果图绘制

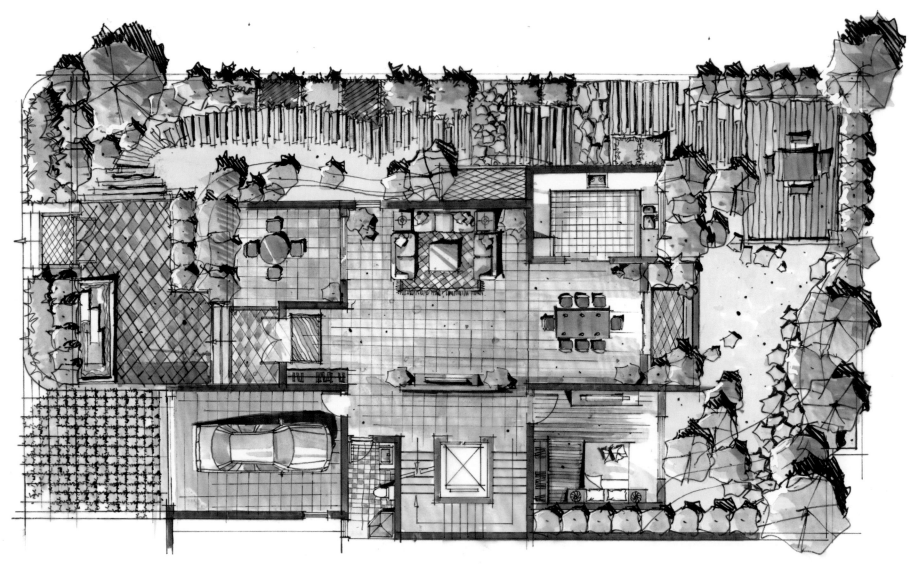

　　平面布置其实有很多种塑造方法和风格，所以读者可以根据自己的特点和喜好来创造自己的风格。不需要单纯的拘泥于技法和颜色，甚至有些家具可以不上颜色。

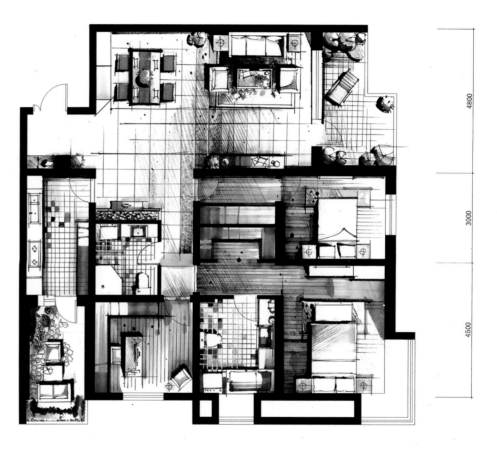

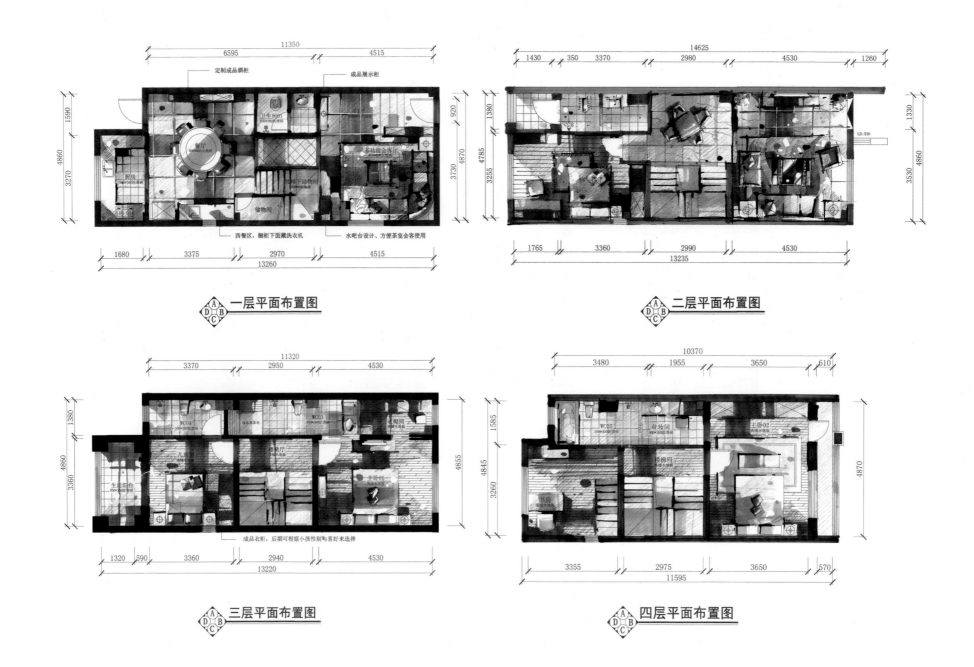

一层平面布置图

二层平面布置图

三层平面布置图

四层平面布置图

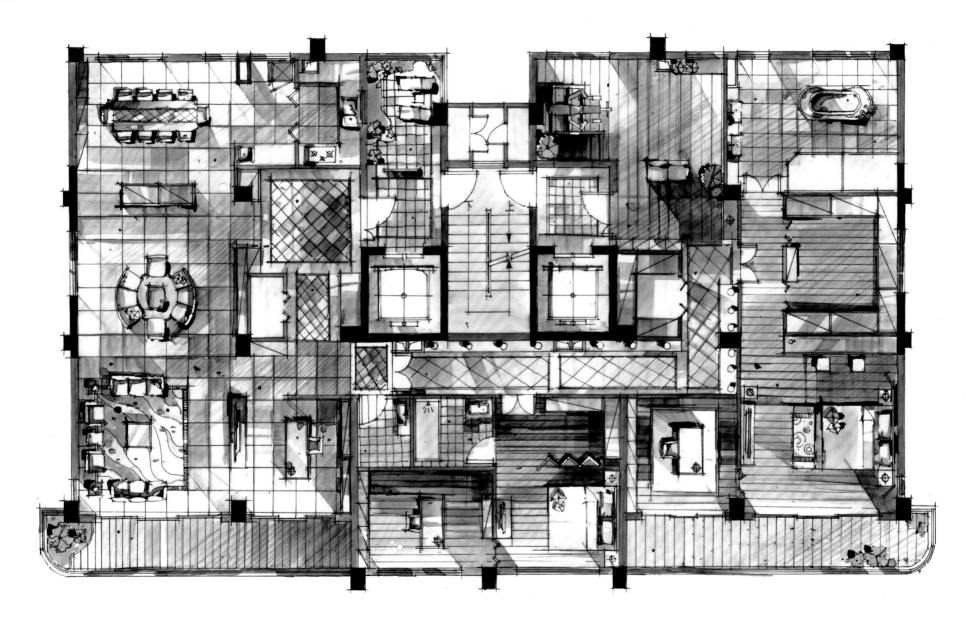

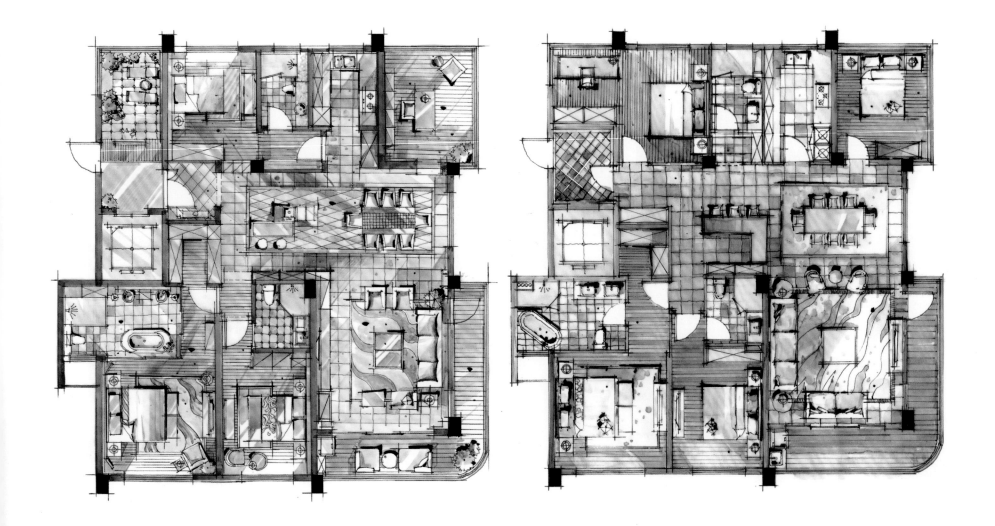

CHAPTER 06

立面图

立面图画法
立面图效果图绘制

第一节　立面图画法

　　立面图是设计图中很实用的一部分,在塑造的时候需要注意立面的阴影表现,这样才有立体感。立面图对于材质的体现也是非常重点的表现部分,木材、壁纸、石材、砖墙等都可以用不同的手法来表现,有的时候需要结合彩铅才能完成。

第二节　立面图效果图绘制

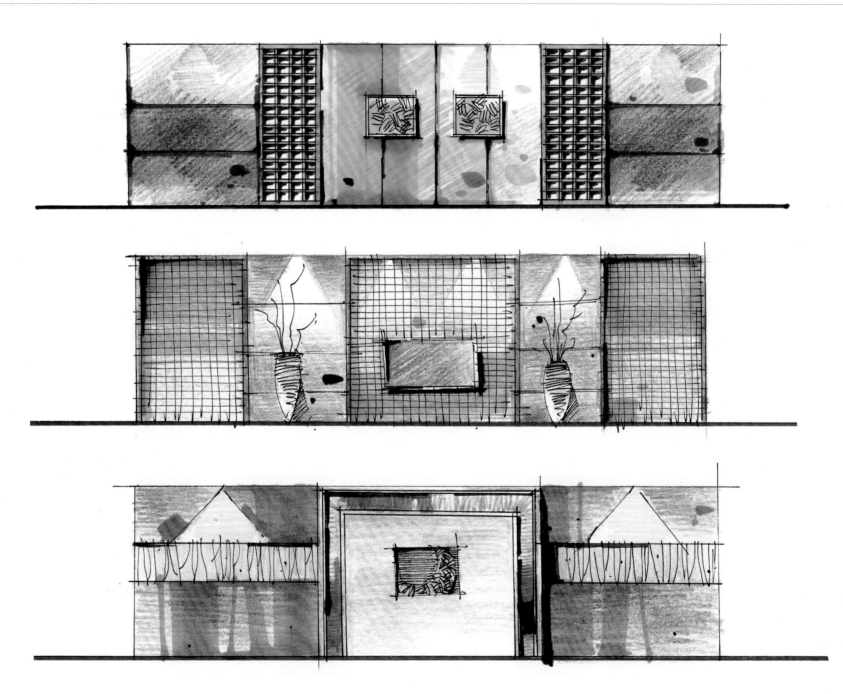

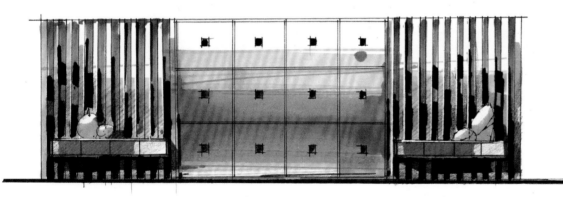

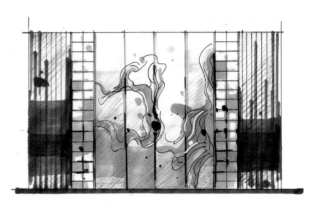

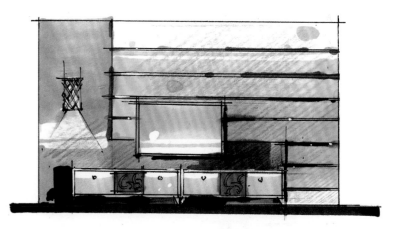

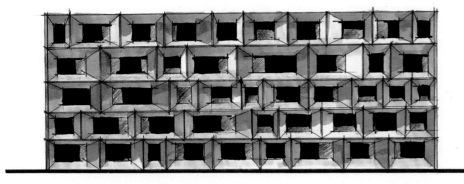

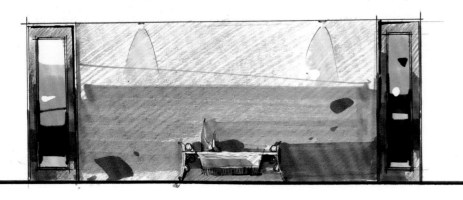

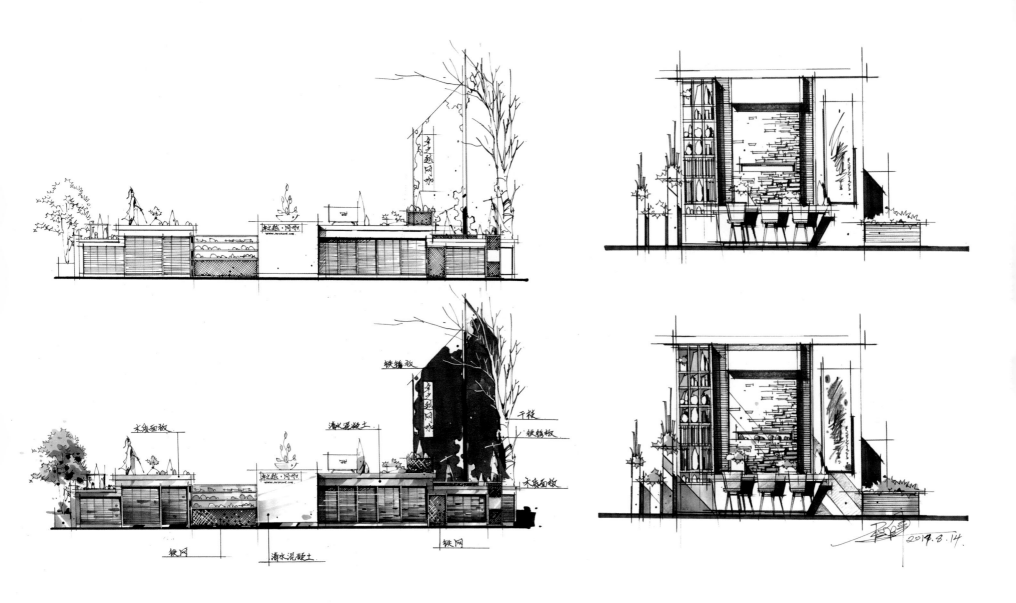

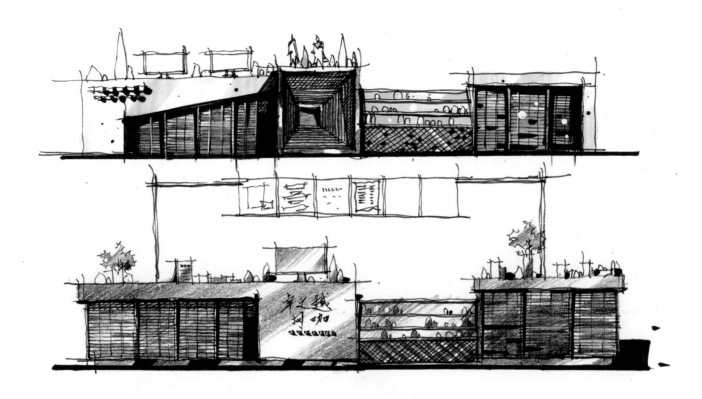

立面图 1:150

CHAPTER 07

草图

草图画法

草图效果图绘制

第一节 草图画法

　　方案草图是设计师在初级构思方案时一种最有效的记录方式。画好草图是每一个设计师都梦寐以求的事情，那么如何才能画好草图呢？首先在平时要多积累，看到好的设计作品就要有随手勾勒的习惯。其次，需要熟练掌握绘图的各种方法和技巧。草图虽然是一种简化的手绘表达方式，但是所蕴含的内容和对设计师基本功的要求是非常之高的。简单来说，草图就是把效果图简化的一种方式，能够在较短的时间表达设计师的设计思维，所以草图并不是任何人随手一画就是草图，而是设计师经过日积月累的训练才能掌握的一种能力。

第二节　草图效果图绘制

大空间室内草图，可以适当夸张空间体量，宁可空间画得大一些，也不能画得太小。注意空间与物体的比例，物体大了，空间就会小。

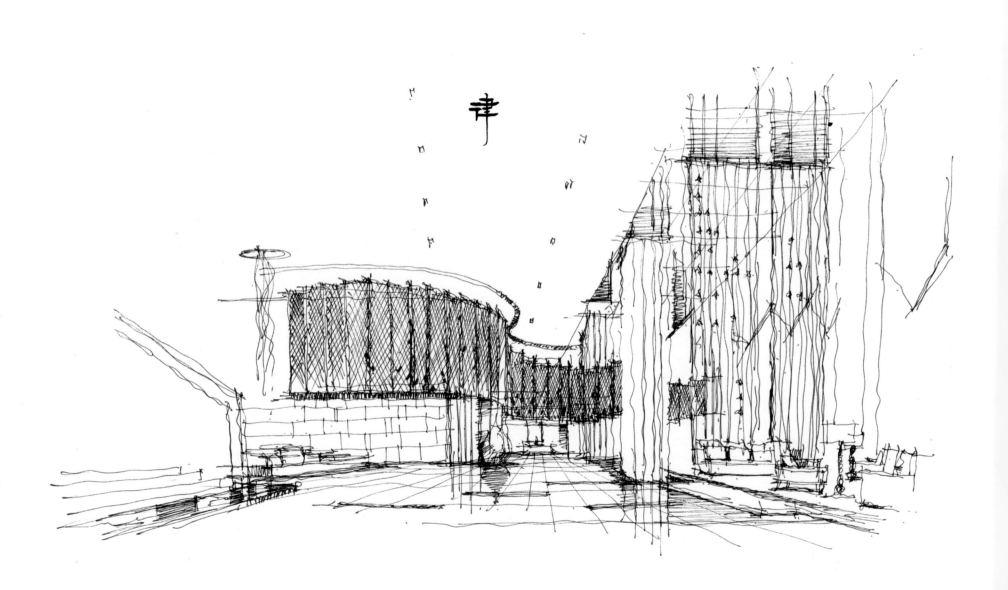

津

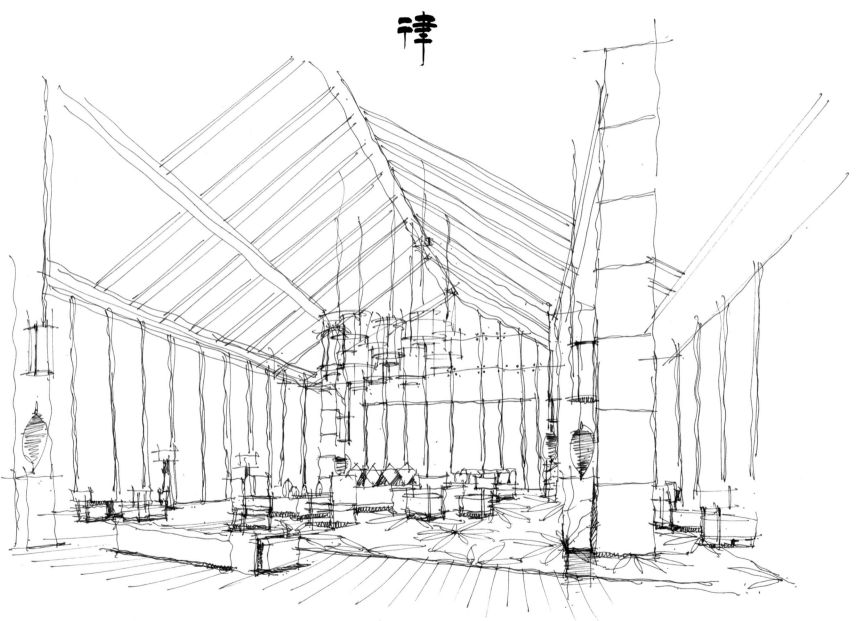

家具适当体现得小一点，空间就会显得更大。

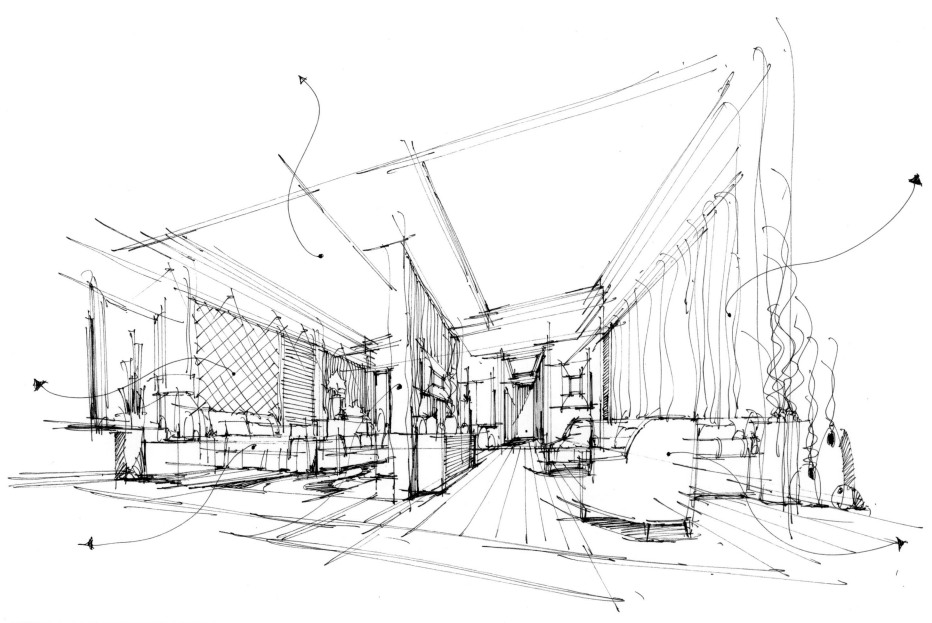

 技巧　草图上色不要太拘泥于笔触，只要将大体色块分开，材质有所表达即可。

表达强烈的光照效果时，需要使用大量的留白来处理。

CHAPTER 08

整体效果图的绘制表达

整体效果图的画法

卧室效果图绘制

客厅效果图绘制

茶室效果图绘制

售楼处效果图绘制

服装店效果图绘制

酒店大堂效果图绘制

第一节 整体效果图的画法

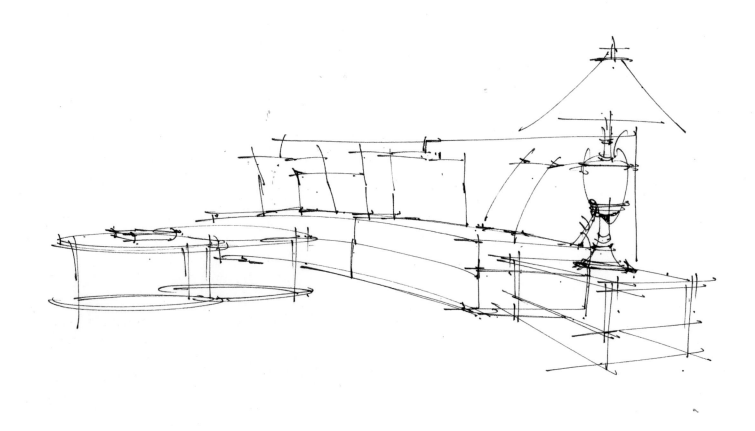

  在绘制整体效果图时候，我们有两种常见的画法。一种是先确定物体大的轮廓、位置，再刻画细节；另一种是先从单体开始，然后在刻画其他物品的时候严格地参照已有物品的位置和比例关系进行绘制。两种方法各有优点，对于比较复杂，需要铅笔定稿的图，可考虑用第一种方法；对于效果图不是很复杂的，可以考虑第二种方法，可以避免过多的废线产生，下面以第二种画法为例说明一下具体的绘制方法。

第二种画法需要读者对手绘有着一定的控制力，每一件物品都要尽量刻画得准确。

黑色马克笔加重部分，可以让图面更加清晰，也更具有视觉冲击力。不过黑色加重的位置一定要准确，也切记不可加入过多。

铺大色的时候，就已经基本确定了光源的位置和整体的光感。

加重颜色的部分仍然要注意光感的处理，受光最多的地方直接留白即可。

加入彩铅，将背景墙的过渡柔和一下，进而通过近实远虚来增强空间感。地毯上的彩铅主要用于表现材质。

第二节 卧室效果图绘制

这张卧室的构图我们采取的是一点斜透视的构图方式。实际上一点斜透视是室内设计非常常用的构图手法,介于一点透视和两点透视之间,取两者之优点。

　　上第一层颜色的时候，注意地板以及电视柜反光的处理，虽然室内一般采取点照明的方式，光源是散光的，但是在有窗户的地方，我们仍然会以窗户的方向作为主光源。另外，地板的反光与地砖也有所不同，地板属于半亚光材质，所以我们在处理的时候也要有所区分。

　　所有着色加重的地方，要全面考量。比如床的下面，基本上光是会被床挡住的，所以颜色会比较重。床头背景墙作为主要处理的墙面来塑造，笔触和细节都画得比较多。地毯的材质用彩铅来体现。

　　电视背景墙虽然作为次要表现的墙面，我们仍然要尽量地表现出它的材质光感。天花板的灰色也有轻重之分，处理天花板的时候，马克笔的笔触一定要拉直，手臂要放松，手法要犀利。

加入彩铅、提白来完善画面。提白的部分需要准确。

第三节　客厅效果图绘制

　　客厅的构图是采取一点透视的构图方式，虽然从构图的角度来说比上一张略微简单，但是整体的物体复杂程度比上一张略高。注意近处的沙发凳，作为一点透视中的两点透视物体，它的消失点跟一点透视的消失点一定是在同一条视平线上的。

　　这张图图面上没有看到窗，不过我们能够知道窗一定是在靠近我们这一边。由于图面上没有窗，所以整张图的光源还是以灯光为主，在处理光的时候需要注意这一点。

　　对于手绘中各种材质的表现,通常用不同的笔触和色彩搭配来体现。不过最需要处理的还是整张图的素面关系以及空间关系。抓住近明远暗的透视原则,增强空间感的塑造。

　　在沙发的颜色上选择了很重的颜色，这也是对于重色家具的一个练习。不过即使是重色家具，也要控制好黑色的位置及面积。远处的物体和整体要用重一层的色彩来表现。

加入彩色铅笔来完善画面。这张图还需要注意地面的地砖材质，适当地反射地面物体的颜色。

第四节　茶室效果图绘制

　　这张茶室在线稿和细节表现上比之前要精细了一个层次。所以读者在临摹的时候，需要选择用 0.1 的针管笔。每一个细节需要尽力地刻画精美，否则就失去临摹这张图的意义了。

　　线稿处理得好，上色就会相对比较容易，注意前面地面的黑色，用来将画面压得更沉稳。中式装饰我们能用到的颜色比较统一，通常用黑色、灰色、木色、红色较多。

　　加黑色的时候，注意近明远暗的空间处理。植物的黑色需要加在阴影部分，在加之前心中要大概有一个植物形态的轮廓。书架的处理不能过于急躁，每一个格子都有它自己的结构和光感。

近处的格栅直接用重色画实即可，无需过分强调它的质感。此处需要进一步完善植物的处理。

用彩铅画出灯管等环境色，并且将远处的墙面加以过渡。

第五节　售楼处效果图绘制

　　这张售楼处效果图采取的是纯两点透视的构图方式。售楼处本身也是室内设计中比较丰富的种类，所以在手绘过程中也是比较复杂的。注意刻画包括沙盘在内的每一个物体。

铺大色的时候，要注意色彩的搭配和变化。这么复杂的画面，一旦色彩搭配出问题，就会影响美观甚至影响设计，或者图面表达不清晰。

　　细节处理时对于色彩的考虑要全面、细致，而且不要空出白色的纸面，留白的部分除外。对于远处空间的处理，一定要用重色压下去。但是只是在明度上加重，而不是大面积使用黑色。吊顶的镜面处理是需要加强练习的部分。因为吊顶上使用镜面的做法还是比较常见的，所以可以通过这张图来进行学习。

　　在提白的时候需根据实际情况将灯光点亮，筒灯及台灯都需要特殊处理。沙盘上的大灯所发出的黄色光，也会影响到整个环境，所以沙盘顶面也铺了一层黄色的彩铅来表示。

第六节　服装店效果图绘制

服装店的处理，差别在于所展出的物品，包括服装、模特人台。需要读者具有一定的表现能力，可以学习一些常用的服装及人台造型画法。

这张整体效果图的设计就以白色和木色为主，所以用大量的留白来体现白色材质的质感。

第七节　酒店大堂效果图绘制

材质的刻画，墙面的理石纹理及地面的纹理处理得一定要自然。

上色的时候注意环境色对于地面、墙面的影响。

这张图是用之前的线稿重新上色，使用了以彩铅为主、马克笔为辅助的上色方法，这种方法更加简单。

技巧

室内色彩需要统一，不要盲目地追求色彩的变化。室内设计始终使用暖颜色居多，而冷色多用于点缀，如玻璃等。

室内的光源处理非常重要，有时可以极大地增强画面的效果。通常我们会使用黄色的彩色铅笔来处理光源。

 特殊的设计，会用到大量的冷色。那么需要在画之前就要想好最终的效果。因为使用大量冷色来处理室内效果是一件非常困难的事情。

木格栅吊顶是比较常用的吊顶方式，处理的时候要注意各个面之间的关系。室内的地面有些材质比较光滑，会适当地映射地面物体。

作者：邓惠方

作者：杨安丽

2016. 4.10

作者：杨安丽

 吊灯可以丰富室内的上方空间。

作者：肖夏晴

重点解析

　　通过肖夏晴老师这张图我们可以看到，很多细节都刻画得非常细致，并没有因为窗外的物体比较远，就处理得随意。任何一个物体表现不好，都会影响整体效果。茶色镜的材质在室内设计中也经常使用，可用黑色的笔触来体现光滑的质感。

作者：宾珊

作者：曹泽

重色是室内设计中常用的部分，用马克笔表现大面积重色的时候是比较困难的。需要我们控制好远近物的形体、光感的体现。曹泽老师这张图在黑色与光感的处理上表现得非常突出。

作者：谢志雄

作者：李国梁

 重点解析 Loft 风格的室内设计近期非常流行，李国梁老师在处理铁艺部分的时候，选择直接用黑色来刻画，清晰明了。注意绘画时重色的部分一定要重到位，不要因为恐惧而画成了灰色。

作者：向远

作者：张玉驰

作者：张姣艳

作者：周星辰

作者：任雪晴

作者：王瑶晨

重点解析

这张图王瑶晨老师处理得非常硬朗，画面很清晰。空间感处理得也很不错。读者在初期练习的时候，可以考虑用这种很细致的画法来练习。

作者：王喆

重点解析

王喆这张图采用比较写实的表现手法，地面的处理非常到位，是整张图的亮点。而右侧的墙体立面是这张设计图的核心，刻画得非常细致。

作者：杨安丽

重点解析　　杨安丽老师这张图在材质的表现上下了很大的工夫。读者绘制时应多注意墙面及地面的材质细微的光感变化。

作者：肖夏晴

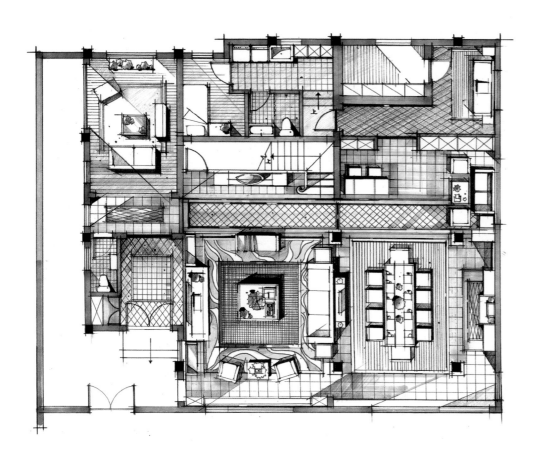

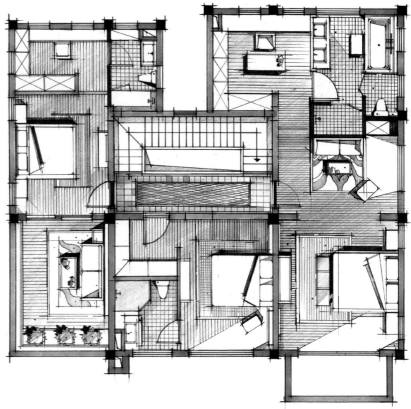

万科翡翠别墅客厅立面

万科翡翠别墅主卧室立面

2017.5.20.

万科翡翠别墅客厅立面

万科翡翠别墅主卧室立面

2017.5.20

CHAPTER 09

快题设计绘制解析

家装、工装

家装、工装

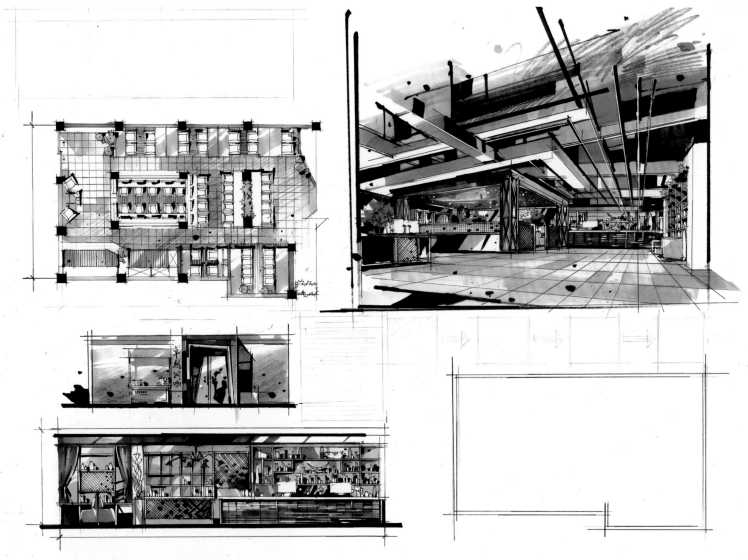

这张快题设计是杜健老师为卓越网咖制作的一张设计图，最终的施工方案也是按照这张图来做的。好的手绘，就是应该可以直接服务于设计的。

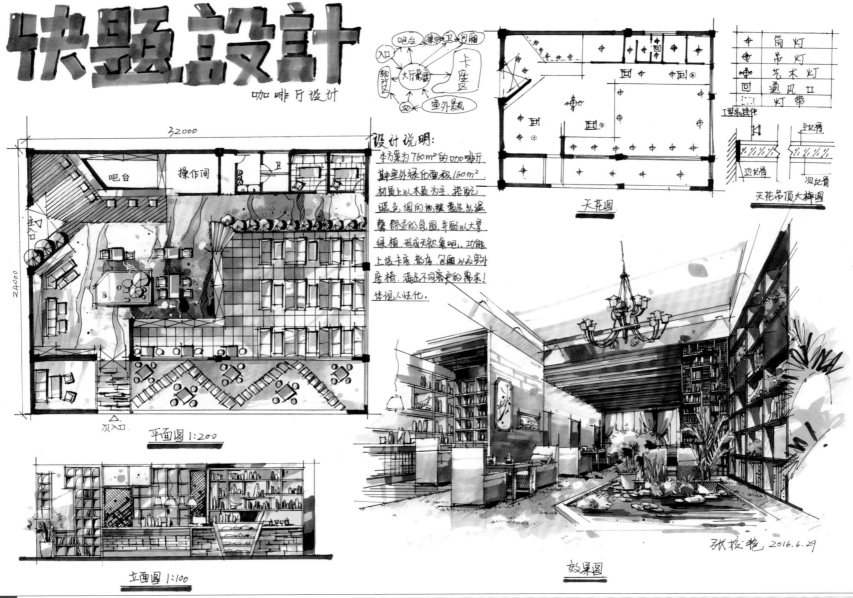

快题设计
咖啡厅设计

平面图1:200

立面图1:100

设计说明:
本方案为760m²的咖啡厅
其室外绿化面积160m²
材质上以木质为主, 搭配
暖色调的地毯, 营造出温
馨舒适的氛围, 并配以大量
绿植, 形成天然氧吧, 功能
上设卡座, 散座, 包间以及户外
座椅, 满足不同客户的需求!
体现人性化.

天花图

天花吊顶大样图

筒灯
吊灯
艺术灯
通风口
灯带

效果图

张牧艳 2016.6.29

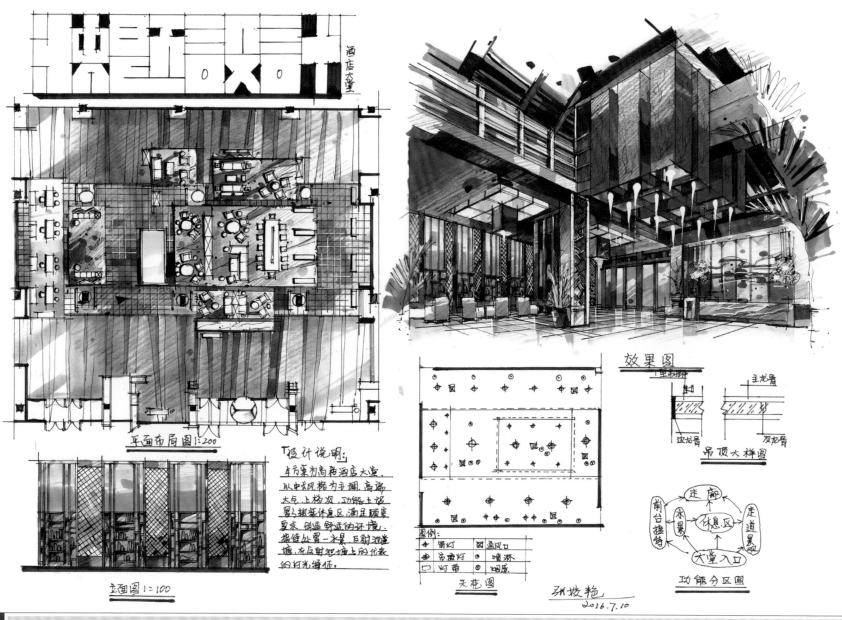

效果图

吊顶大样图

天花图

功能分区图

图例：
顶灯　通风口
吊顶灯　喷淋
灯带　烟感

平面布局图1:200

立面图1:100

T设计说明：
本方案为高档酒店大堂，以中式风格为平调，高端大气、上档次，功级土设置了聚会休息区，满足顾客需求，创造舒适的环境。独特处置一水景，反射地墙壁，在反射的墙上的代表的灯光等征。

张坡艳
2016.7.10

在快题设计中使用比较醒目的颜色，可以在众多考卷中脱颖而出。不过跳跃的颜色，需要更好的控制力才能更好地应用于设计之中。

平面布置图 1:150

设计说明

本方案为咖啡厅设计,主要分为散座区,卡座区,包厢以及户外就餐区,整个层高4.5m,整体空间采用的元素是长木条,使用拼接,堆叠,处挡等造型方式进行空间装饰,大面积玻璃的使用增加室内外空间交流,主要布局是从中心辐射线形式,注重人与人交流(单独)和纸制书籍的休闲活动,使空间更人性化,和人文性.

功能区分图 1:250

| 散座区 |
| 卡座区 |
| 包厢 |
| 户外就餐 |
| 门厅 |
| 候餐区 |
| 储物区 |
| 卫生间 |
| 操作台 |

灯具布置图 1:250

图例
✦ 吊灯
✦ 筒灯
✦ 射灯
✦ 轨道射灯
--- 灯带

立面图 1:100

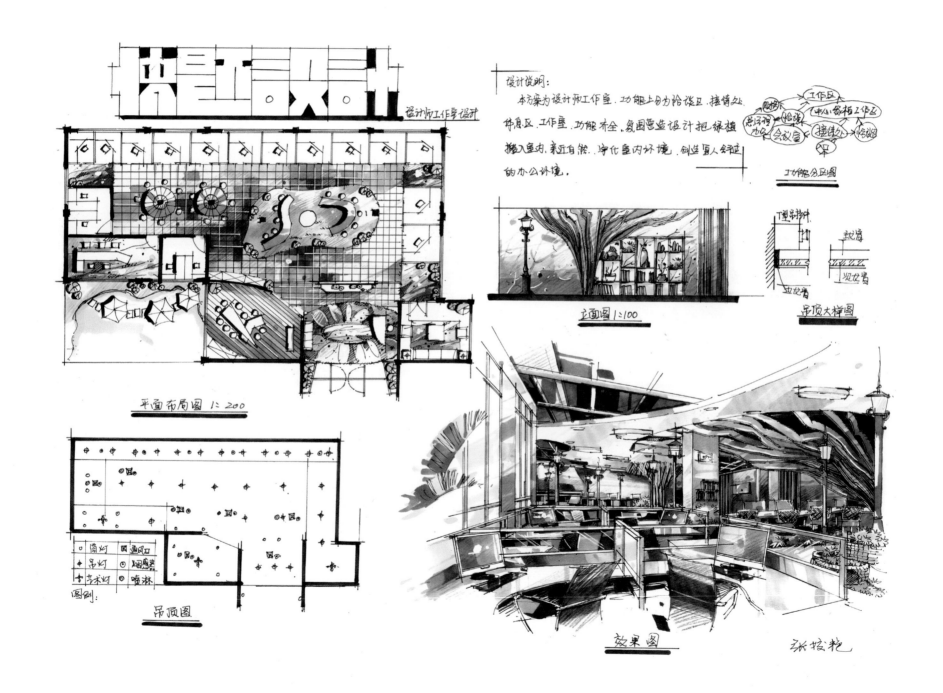

设计说明：

本方案为设计师工作室，功能上分为恰谈区，接待处，休息区，工作室，功能齐全，氛围营造设计把绿植搬入室内，亲近自然，净化室内环境，创造宜人舒适的办公环境。

工功能分区图

平面布局图 1:200

立面图 1:100

吊顶大样图

图例：

吊顶图

效果图

张玲艳

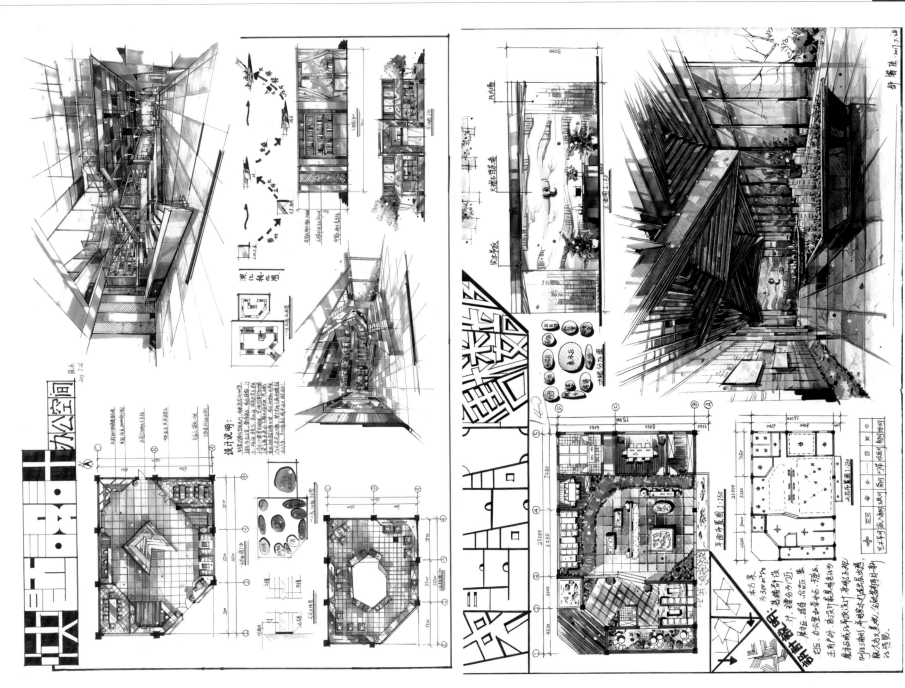

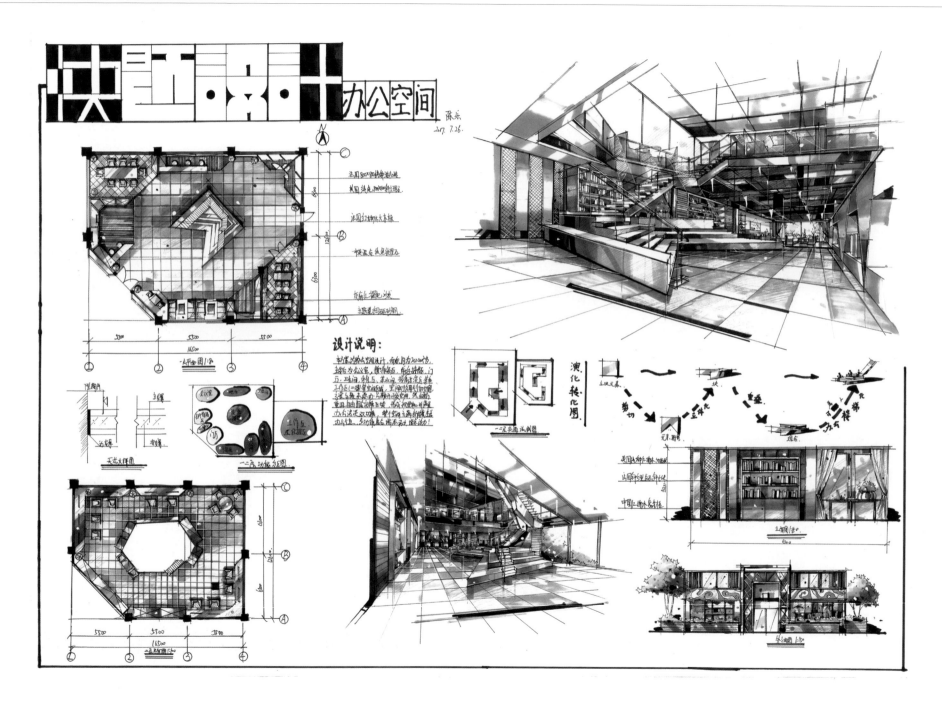

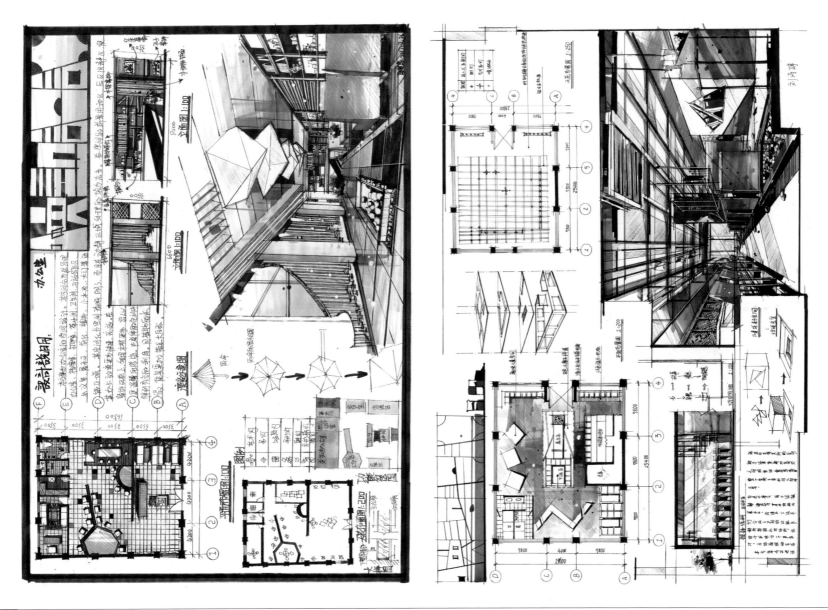

技巧 在选择灯具或者家具的时候，可以使用一些异形的灯具或家具来丰富设计。但是我们要知道，这并不是设计的重点，也不可以用太怪异的物体来哗众取宠。

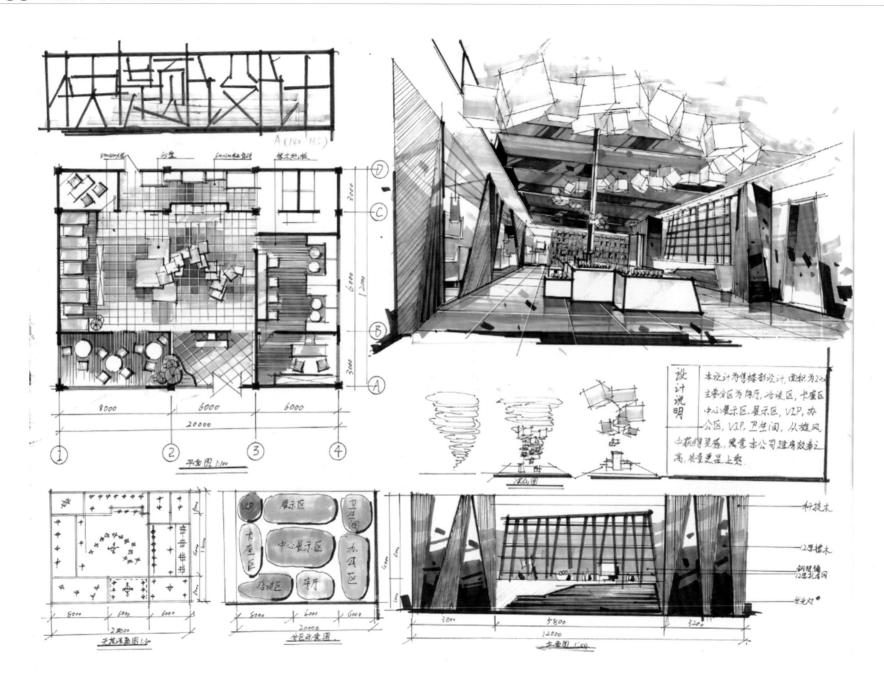

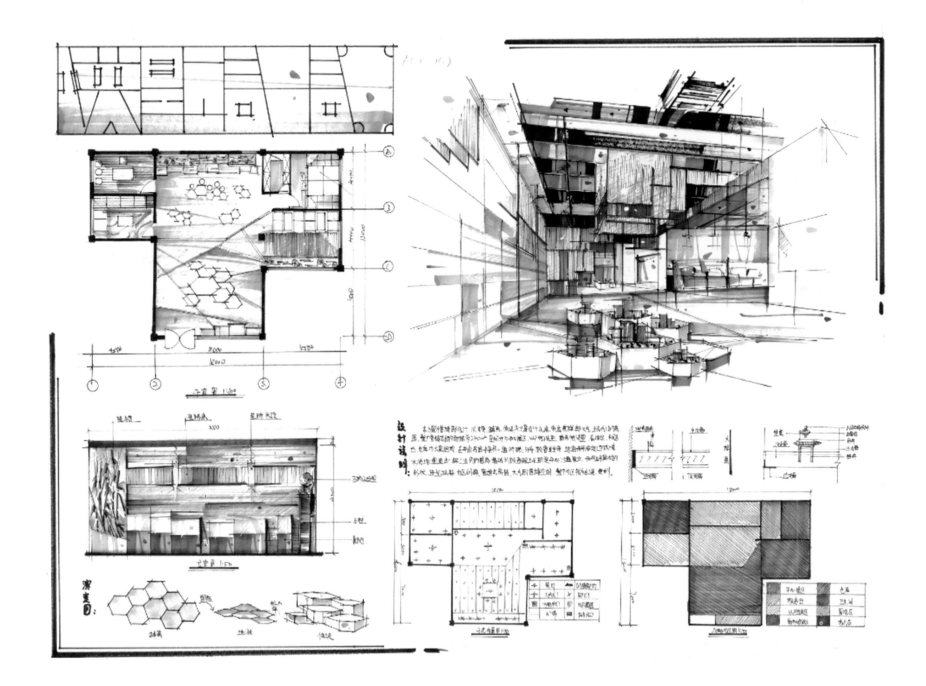

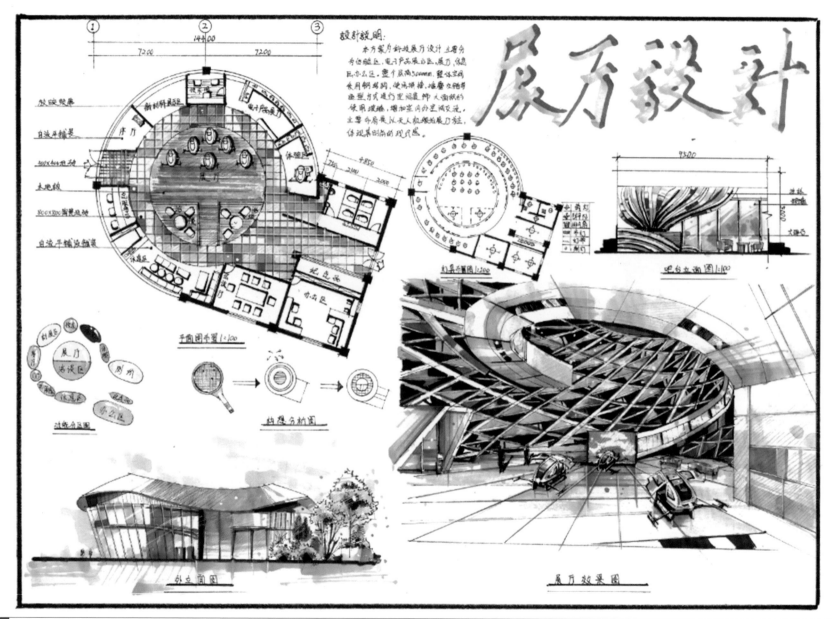

这张快题设计的亮点在于效果图的表现，很好地表现了作者的设计意图，科技感十足。

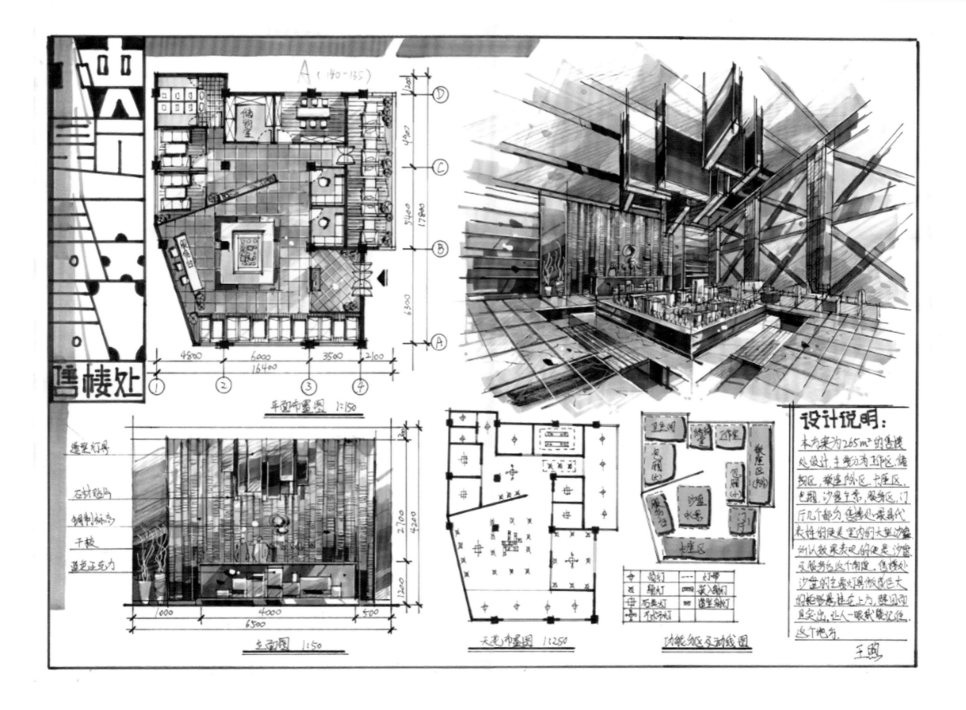

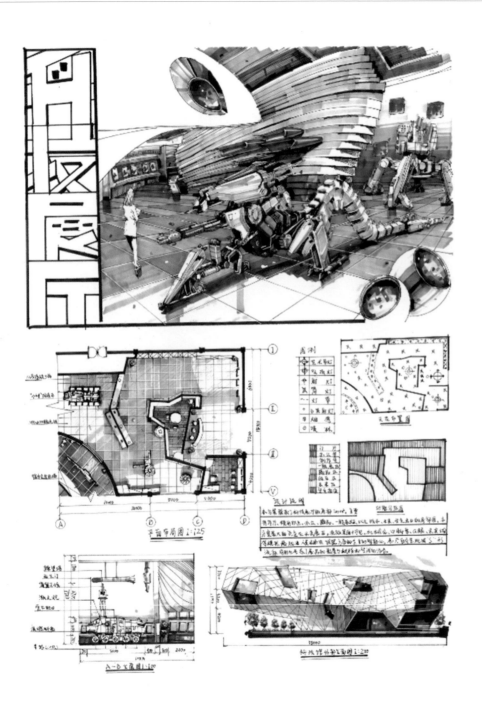

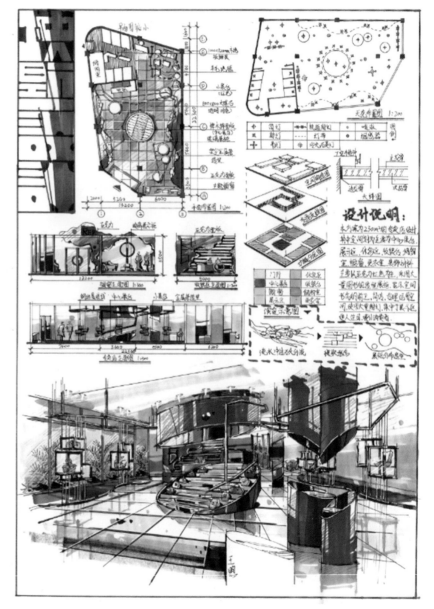

 排版尽量要丰富，这张快题无论从设计还是表现，都是特别好的作品。可以作为练习快题设计的模板来使用。

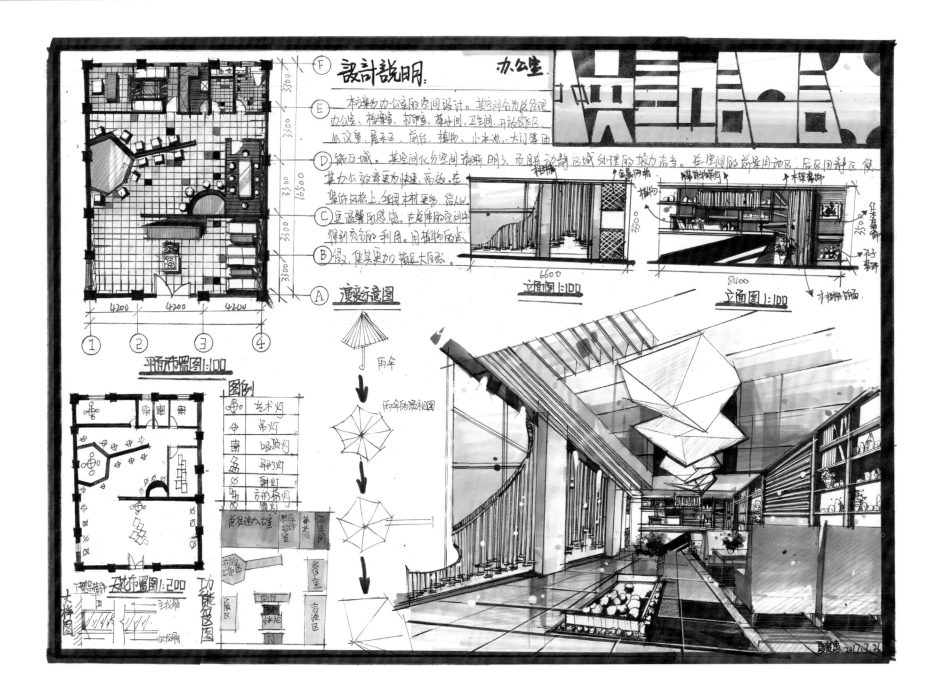

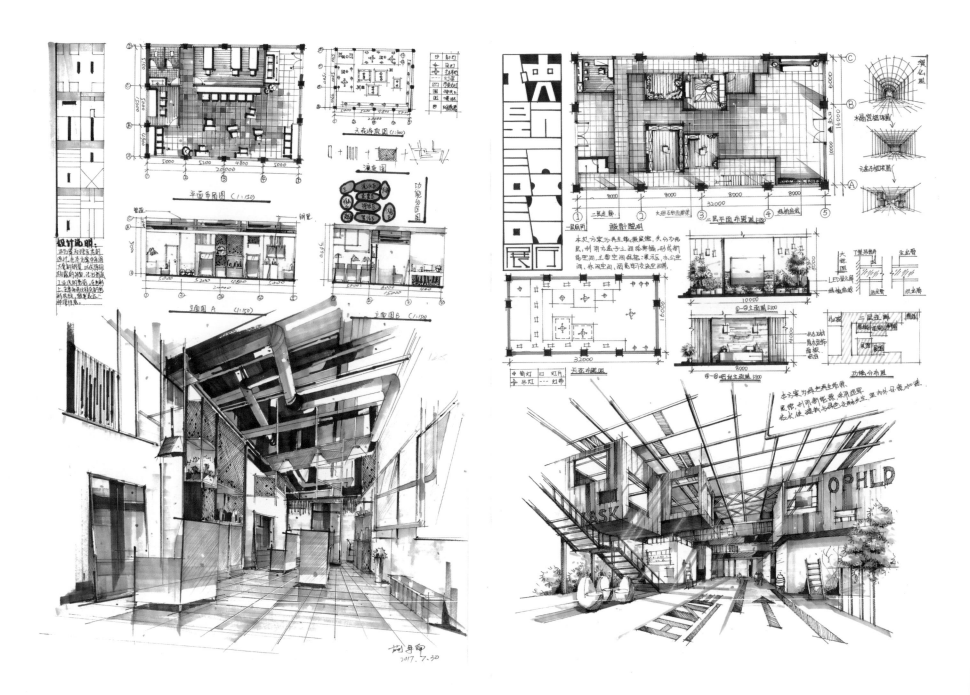

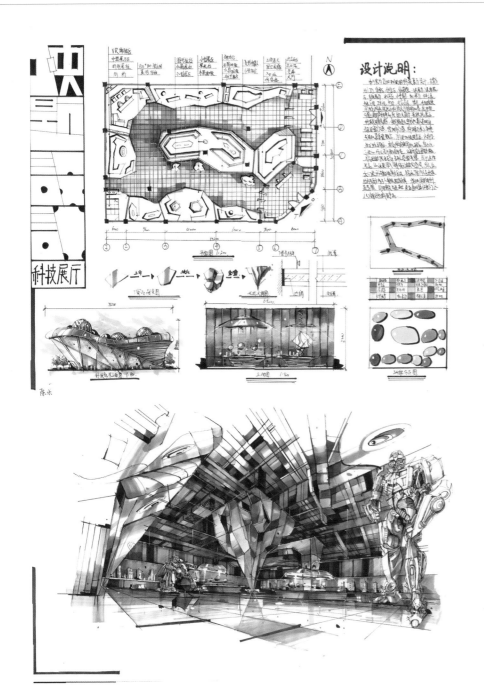

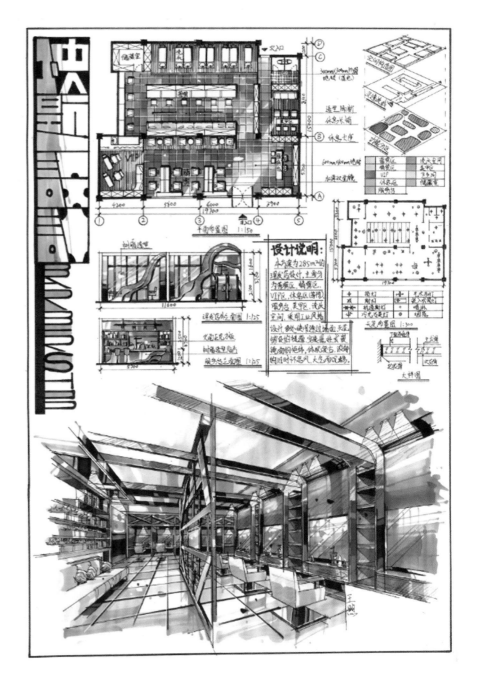

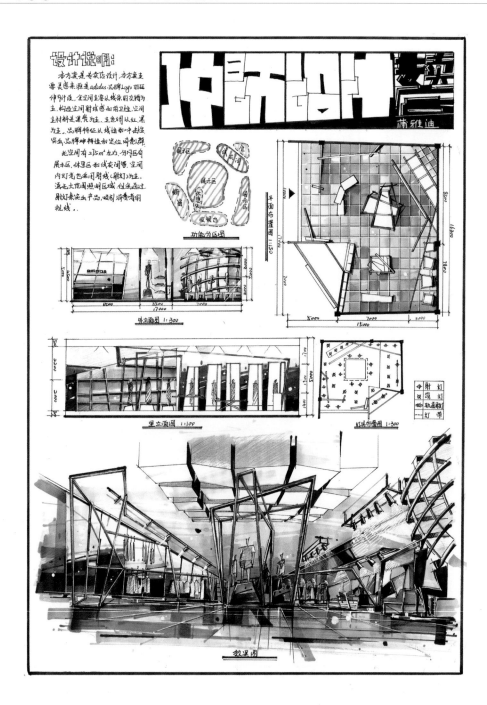

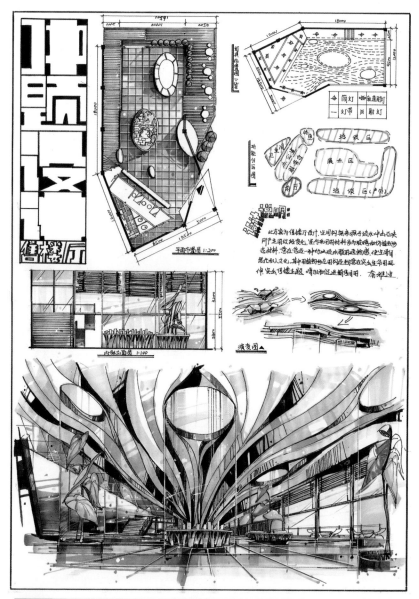

有时候太复杂的设计，我们并不一定需要在一张快题中表达得特别清楚。因为毕竟设计快题的时间比较有限，只要体现出我们的设计意图也就足够了。

重点解析

快慢设计
咖啡厅

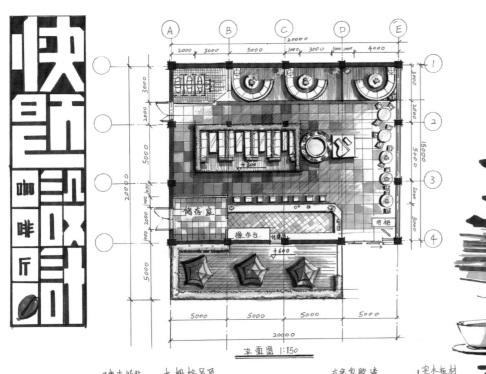

平面图 1:150

VORTEX

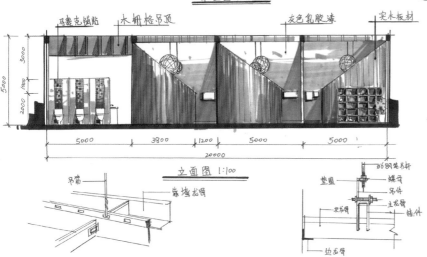

马赛克瓷贴　木栅格吊顶　　　　灰色乳胶漆　　实木板材

立面图 1:100

吊筋
靠墙龙骨

顶墙
ф6钢筋吊杆
螺母
吊件
次龙骨
主龙骨
挂件

边龙骨

設計說明

将咖啡搅动
浓郁的咖啡香
从旋涡中飘散出
来,方案以流动的
咖啡旋涡为元素
让每一个到咖啡
厅的顾客从视觉
嗅觉味觉上都沉
浸在咖啡香气中。

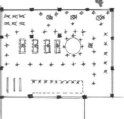

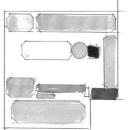

	射灯
	吊灯
---	灯带
	圆形吊灯
	小形方形灯
	日光灯
	方形吊灯

卫生间	包间
卡座区	水景区
演奏区	散座区
储存室	吧台
前台	操作区
外景	门厅

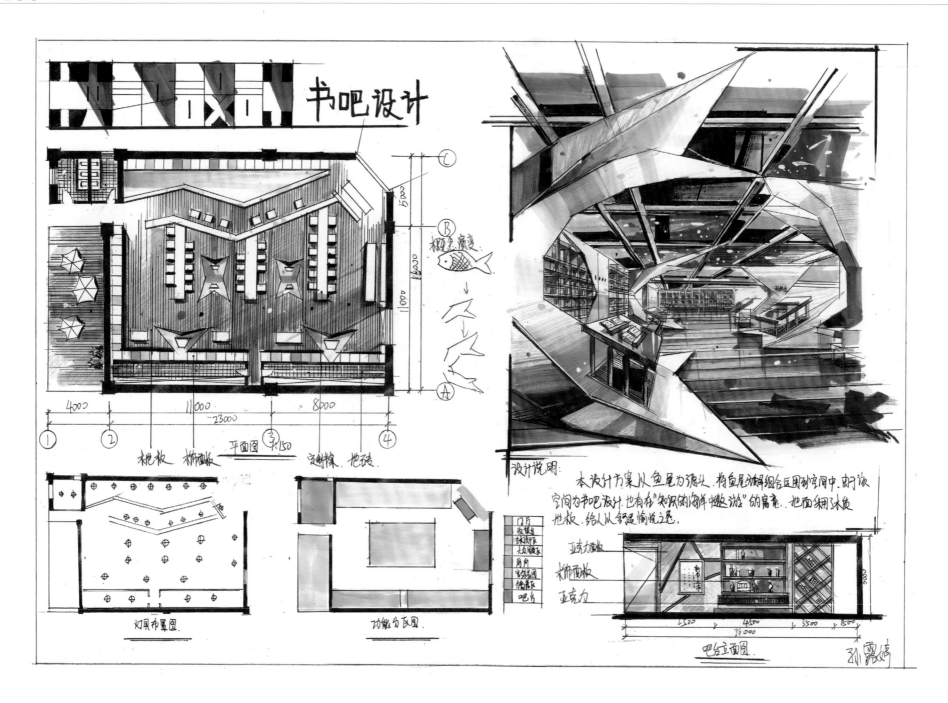

书吧设计

概念演变

平面图 S:150

桃板 饰面板 定制砖 地砖

灯具布置图

功能分区图

设计说明

本设计方案从鱼尾为源头，将鱼尾的解组合运用到空间中，南该空间为书吧设计，也有在"知识的海洋遨游"的寓意，地面采用木质地板，给人从容愉悦之感。

门厅
收银台
水吧区
大众阅读区
厨房
室外庭园
储藏室
吧台

亚克力面板
饰面板
亚克力

吧台立面图

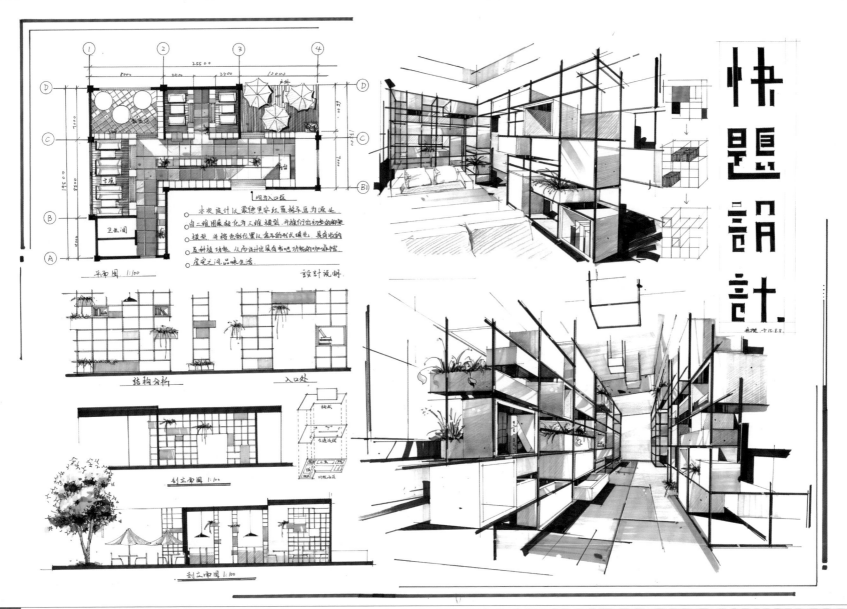

平面图 1:100

结构分析   入口处

剖立面图 1:100

剖立面图 1:100

设计说明

　　好的快题设计，应该有一定自己的设计核心。表现其实在快题设计中并没有占有太高的地位，只要整体看起来清晰、舒服即可。重点还是在于设计的本身。

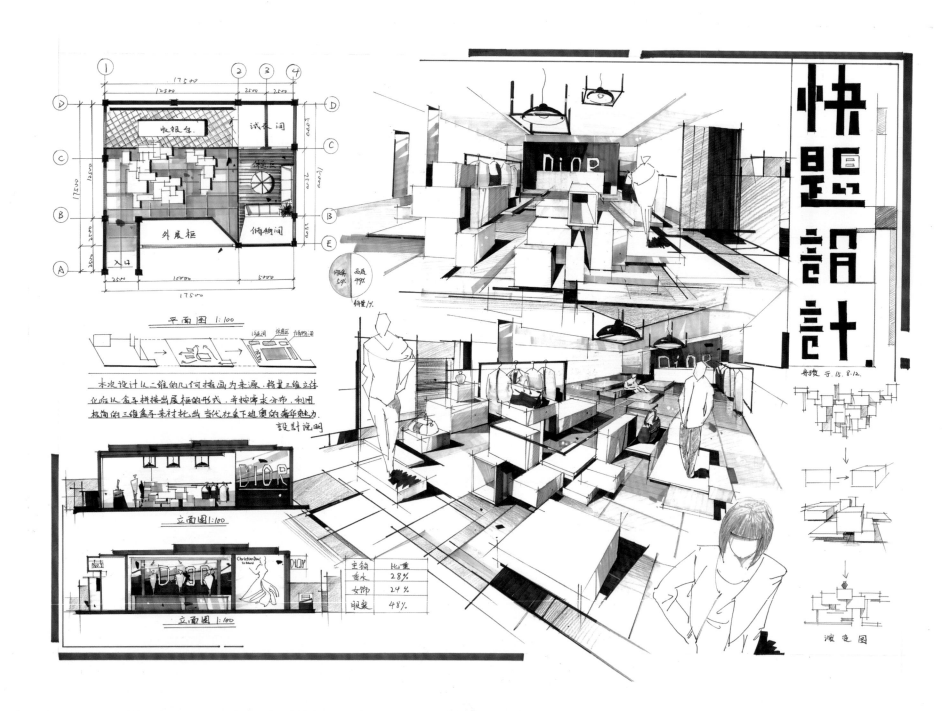

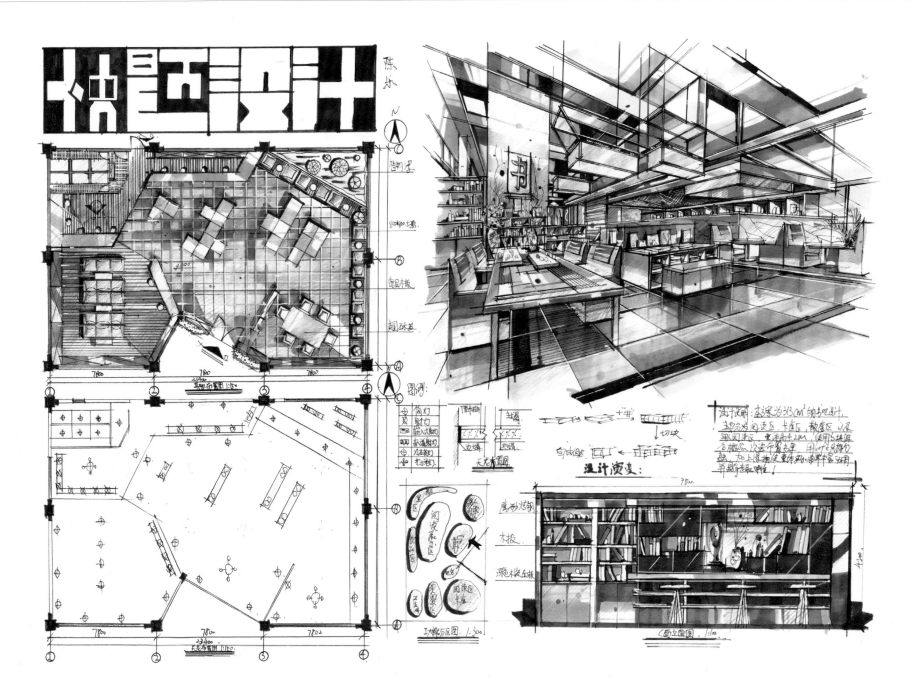